油库(站)HSE 培训系列丛书

油品装卸工 HSE 培训读本

宋生奎　樊宝德　主编

中国石化出版社

内 容 提 要

本书是油库(站)HSE培训系列丛书之一,是专门为油品装卸工进行HSE培训编写的。全书共分概述、通用安全要求、油品装卸作业HSE管理、油品装卸作业规程和突发事件处置常识等五章内容。

本书具有较强的实用性和可操作性,既可作为油库广大油品装卸工掌握HSE知识的教科书,也可作为油库安全作业的指导用书。

图书在版编目(CIP)数据

油品装卸工HSE培训读本/宋生奎,樊宝德主编.
—北京:中国石化出版社,2012.7(2021.3重印)
(油库(站)HSE培训系列丛书)
ISBN 978-7-5114-1648-3

Ⅰ.①油… Ⅱ.①宋… ②樊… Ⅲ.①油品装卸-技术培训-教材 Ⅳ.①TE86

中国版本图书馆CIP数据核字(2012)第145443号

中国石化出版社出版发行
地址:北京市东城区安定门外大街58号
邮编:100011 电话:(010)57512500
发行部电话:(010)57512575
http://www.sinopec-press.com
E-mail:press@sinopec.com
北京科信印刷有限公司印刷
全国各地新华书店经销
*
787×1092毫米 16开本 7.75印张 110千字
2012年8月第1版 2021年3月第2次印刷
定价:22.00元

《油库(站)HSE培训系列丛书》编委会

《油品装卸工HSE培训读本》编委会

主　编：宋生奎　樊宝德

副主编：李钦华　曹泽煜

参编者：秦　勇　王文娟

序

油库加油站是储存、运输、供应各种油品和天然气的石油储存销售企业。它所经营的油品、天然气或液化石油气都属于易燃易爆且有毒有害物质，稍有不慎就可能酿成财损人亡的灾难性事故。为努力达到“零事故、零伤亡、零污染”这一最高目标，近十年来，我国石油行业建立及实施了目前国际石油石化行业通行的健康、安全与环境管理(HSE)体系，并取得了可喜效果，重大事故得到了有效遏止，取得了显著的社会和经济效益。

综观全国油库加油站实施HSE管理体系的实际情况，当前还存在着一些问题，譬如，对建立HSE管理体系的深刻意义认识不足；对HSE管理体系的先进管理理念理解不深；提供的人力、物力、财力等资源不够充分，不能满足实际需要；培训抓得不力，存在着参加培训的人员不做HSE管理的事，而实际做HSE管理事的人未参加培训；危害识别与风险评价没有充分落实，无法达到预防为主的目的等。所有这些问题，其根源还在于HSE管理体系的宣传教育的力度不够，抓全员培训的强度不够，没有做到让建立与实施HSE管理体系对于油库加油站的深远而重大的意义真正深入人心，达到人人皆知、家喻户晓的程度；没有做到油库加油站实施HSE管理体系的基础知识和基本技能真正广泛普及，没有达到油库加油站全体员工人人掌握、人人熟悉的程度。

为了将油库加油站HSE管理体系的实施提高到一个新水平、跃上一个新台阶，就必须从最基础的全体员工的培训教育抓起。这是建立HSE管理体系的前提，因为只有提高了全体员工对HSE管理体系的理性认识，又提高了全体员工的建立HSE管理体系的技术和技能，才能使油库加油站HSE管理体系的建立与实施更上一层楼，真正达到“零事故、零伤亡、零污染”的最高目标。为满足油库加油站全体员工 HSE 培训教育的需要，我们组织编撰了一套《油库(站)HSE 培训系列丛书》，共分八册出版，包括《油库(站)HSE 培训必读》、《油库(站)HSE 管理体系实务指南》、《油品装卸工 HSE 培训读本》、《加(发)油员 HSE 培训读本》、《油品化验员 HSE 培训读本》、《油库电工 HSE 培训读本》、《油车驾驶员 HSE 培训读本》和《油库(站)施工 HSE 培训读本》。其中，《油库(站)HSE 培训必读》主要介绍了 HSE 管理体系的基本技术和基本技能。这些知识、技术及技能对油库加油站全体员工来说都是必须了解的，而且是必须熟悉掌握的，是油库加油站作业人员上岗前就应该具备的，因此该书是油库加油站所有岗位上的员工进行 HSE 培训的教材，同时，也是油库加油站员工上岗前组织业务培训的教材。《油库(站)HSE 管理体系实务指南》是针对油库加油站当前在建立及实施 HSE 管理体系中存在的一些主要问题，重点介绍了建立和实施 HSE 管理体系的关键环节、常见问题和解决途径，并较详尽地阐述了油库加油站危害因素和环境因素的识别方法、风险评价方法、环境影响评估方法和应急救援技术。该书主要供培训油库加油站 HSE 管理人员使用，亦可作为其他相关专业人员的参考资料。这套丛书的另外几本是根据油库加油站常用工种的岗位特点编写的，可以分别作为各工种的 HSE 培训教材。由于油库加油站内改建扩建工程较多，在油库加油站内施工，因处于危险环境之中，HSE 管理有其特殊性，且必要性与重要性又异常突出，所以，专门编写了一本《油库(站)施工 HSE 培训读本》。

该丛书具有鲜明的针对性、极高的实用性和很强的可操作性，深入浅出，通俗易懂，真诚希望这套丛书能为油库加油站建立及实施 HSE 管理体系发挥应有的作用。

编委会

前　言

油库油品装卸工所从事的工作是油库经营中的主要任务，量大繁重，又极具危险性。抓油库 HSE 管理，做好装卸工 HSE 管理是其核心。因此，我们专门编写了《油品装卸工 HSE 培训读本》。

本书共分五章，包括概述、装卸工的通用安全要求、油品装卸作业 HSE 管理、油品装卸作业规程和突发事件处置常识。主要围绕油品装卸工的作业范围分析其危害风险和防范控制风险的各种技术措施，使装卸工了解、明白该怎么做，不该怎么做，以及违规作业的危害。该书具有极强的实用性，易于学习理解，做到掌握正确操作，从而杜绝违规行为，确保油库油品装卸作业达到 HSE 管理的多项要求和标准。

该书由宋生奎、樊宝德主编，李钦华、曹泽煜为副主编，参编人员有秦勇、王文娟。

本书在编写过程中，参考了大量的文献书籍，汲取了诸多专家的研究成果，对此，编者在参考文献中尽可能地作了列举。在此，谨向有关作者、编者表示深深的谢意。

限于编者水平，本书错误和不妥之处在所难免，恳请读者批评指正。

编　者

目　录

第一章 概　　述

第一节　油品装卸工职责要求和权利义务

一、油库工作特点

1. 艰苦性

油库一般都远离城市繁华区、风景区，地理位置偏僻，交通不甚方便，人流稀少，物质生活条件相对比较艰苦。

2. 危险性

油库内所储物品都具有易燃可爆性，尤其是轻质油品和天然气，见火就着，极易引起燃烧和爆炸。另外，各种燃料油的导电性差，在运输过程中易产生静电，在一定条件下则会静电放电，发生火灾爆炸事故。因此，从事油库工作具有较高的危险性。

3. 复杂性

由于机械设备品种繁多，所需油品种类牌号繁多，常用的油品有100多种。这些油品各有各的用途，各有各的性质和要求。另外，油库中的设备、设施也较复杂，各种规章制度和操作规程也多，稍有马虎，就有可能酿成重大事故。在油库各岗位上工作都具有一定的复杂性。

4. 特殊性

油库工作的特殊性主要体现在工作对象的有毒性、危险性、易渗性、易挥发性这些方面，为保证安全，采取了一系列的特殊措施，大大有别于其他行业。

二、油库从业人员的职业道德

因为石油是工业机械的“血液”，是绝大多数机械的动力之源。因此，每个油库工作人员都应充分认识油库工作的重要性，兢兢业业地把本职工作做好。

要做好油料工作，取决于多方面的因素和条件，其中一个重要因素就是油库工作人员必须树立明确的职业责任观念，充分认识自己肩负的重大责任；努力培养良好的职业道德和自觉的职业纪律，养成良好的职业行为和习惯；以主人翁态度对待自己所从事的工作，在工作中自觉地按照职业道德标准来要求和约束自己；依靠正确的道德观念作为内在的动力，尽心尽力，尽职尽责，从根本上杜绝玩忽职守的不良现象和监守自盗的犯罪行为。

根据油料工作的特点和当前的实际情况，对油料人员的职业道德的主要要求是：精心管油，确保安全，优质服务，滴油不沾。

1. 充分认识肩负的重大责任，以强烈的事业心和高度的责任感，做好本职工作

作为一名油库工作人员，要充分认识到肩上的责任重大。油库部门的各项工作和各个环节，都对油料供应保障产生影响，另外油料及油料器材都是国家的巨大财富，工作失职、发生事故，不仅影响油料的供应保障，而且会危及人民生命财产的安全。因此，油库工作人员都应该充分认识到自己肩负的重大责任，要树立坚强的事业心，热爱本职，忠于职守，把自己的知识和才能奉献于祖国的石油事业。

2. 保障有力，优质服务

油品销售部门的一切工作都必须以保障油料供应为中心，各项工作都要紧紧围绕这一中心而展开，都要服从和服务这一中心。保障供应是全体油库人员的共同职责；油料不仅要及时、准确、不间断地供应，而且要保证质量合格。油料质量的好坏，不仅关系到油料的供应、储备和节约，而且对机械性能的发挥、延长其使用寿命都有重要的影响。航空油料的质量更为重要，如果质量有问题，轻则造成误时误飞，重则机毁人亡。

3. 厉行节约，多做贡献

为了搞好节油工作，必须充分认识到油库人员在节约油料上的责任，培养珍惜和节约每一滴油料的职业习惯。坚决克服只供不管和重供轻管的思想，把节油工作全面地坚持不懈地抓下去。另外，要从自己做起，起模范带头作用。要及时发现和堵塞一切漏洞，做到：油罐、管线、阀门、油泵等无渗漏；满装油罐，暗流输油，减少蒸发损耗；卸尽油底。正确操作，防止跑油、混油及失火爆炸等事故的发生。

4. 廉洁奉公，遵纪守法

近几年来，随着社会经济的发展，汽车、拖拉机等各种车辆数量增长很快，油品的需要量也越来越大。由于国家油料供应有限，因此造成油料供需矛盾突出。

在这种情况下，社会上一些单位和个人以各种渠道索取油料，不法分子则

借用各种手段引诱管油人员盗卖油料从中渔利。少数人经不住金钱和物质的诱惑，内外勾结，监守自盗，给国家造成很大的损失，而且败坏了党风政风。因此，一方面我们要从根本上提高觉悟，增强抵制腐朽思想侵蚀的免疫力；另一方面要增强法纪观念和政策观念，划清罪与非罪、守法与犯法、遵纪与违纪的界限，自觉地执行政策，严格遵纪守法。

三、油品装卸工职责

油品装卸是油库最主要的业务作业之一。作为一名油品装卸工，若业务生疏、工作马虎，那么不仅会损坏设备，而且随时都会造成跑油、冒油或混油事故，给国家和人民的生命财产带来严重损失。为此，油库油品装卸工必须认真履行如下职责：

(1) 热爱本职工作，积极钻研业务知识，熟练掌握油品装卸业务；

(2) 负责油料收发、装卸、倒装、转罐和加油、退油作业的司泵工，应及时、准确、安全地完成油料抽注任务；

(3) 负责泵房固定设备和内燃机泵的维护、保养工作，使其经常处于良好状态；

(4) 熟悉油库工艺流程和泵房设备的构造、性能，严格遵守设备操作规程，预防事故发生；

(5) 认真执行油库规章制度，经常保持泵房、工作间的清洁，确保安全；

(6) 认真填写作业记录，搞好资料积累工作；

(7) 积极参加技术革新工作。

四、油品装卸工的技术要求

1. 油品装卸工的技能要求(表 1－1)

2. 油品装卸工的相关知识要求(表 1－2)

由表 1－1 和表 1－2 可知，油库内的油品装卸工的标准是相当高的，不是随便招一名工人、不经认真培训就可以上岗的，必须经过一定时间的严格训练，学习懂得了相关理论知识，还要切实掌握相关的操作技能之后，才能上岗值班。对于一名新员工来说，首先必须学会掌握初级油品装卸工应该具备的操作技能和相关知识，这是装卸工能否上岗的最低标准。在取得上岗资格证，成为一名合格的装卸工后，还应百尺竿头，更上一层，不断学习，争取早日成为中级工，最终成为一名高级油品装卸工。

本书是供新员工上岗培训用教材，所涉及内容基本上为初级油品装卸工应掌握的理论知识和操作技能。

表 1－1 油品装卸工的技能要求

<table>
<tr><th>项目 ＼ 要求 ＼ 级别</th><th>初级工</th><th>中级工</th><th>高级工</th></tr>
<tr><td>罐区管理</td><td>1. 能按指令改通收付油流程
2. 能完成油罐的进油操作
3. 能完成油罐的倒油、管输操作
4. 能完成油罐的切换操作
5. 能完成油罐的人工脱水操作
6. 能完成人工检尺、测温、采样的操作，能使用试油膏、试水膏
7. 能完成油品加温、伴热及管线消压的操作
8. 能对消防泵进行日常的试泵及建立循环操作
9. 能按规定巡检</td><td>1. 能估算油罐在进油时达到安全高度的时间及发油时达到罐底量的时间
2. 能根据工艺要求对管道内的存油进行处理
3. 能启动消防泵打泡沫进罐，并能根据油罐容积调节泡沫比例调节器</td><td>1. 能采取措施降低油罐内油品的蒸发损耗
2. 能落实油罐、管线吹扫方案
3. 能根据全年统计数据对整个罐区内的油品周转能力作分析
4. 能组织实施新油罐投用前的试压方案
5. 能对油罐大修及新施工过程进行监督
6. 能分析油品盈亏的确切原因</td></tr>
<tr><td>铁路装卸</td><td>1. 能引导槽车到指定货位(鹤位)
2. 能核对车号、油品品名、牌号、鹤位及质量检验合格证
3. 能检查槽车是否符合装车条件
4. 能完成装卸油作业
5. 能完成槽车清扫作业
6. 能对槽车进行人工检尺、测温、采样的操作</td><td>1. 能根据工艺要求使用蒸汽加热槽车内的油品
2. 能控制装卸作业时的油品安全流速，并能估算装卸时间
3. 能判断轻油槽车的扫舱时机</td><td rowspan="3">1. 能采取措施有效降低作业现场周围的油气浓度
2. 能根据流量、压力、管线振动和噪声判断气阻现象的发生并采取措施加以克服
3. 能处理水击现象</td></tr>
<tr><td>汽车装卸</td><td>1. 能核对提货单油品品名、数量
2. 能对卸车进行安全检查
3. 能进行罐车的灌装作业</td><td>1. 能估算高架罐的进油量和油品装满罐车的时间
2. 能控制灌装流速
3. 能监测作业现场的油气浓度</td></tr>
<tr><td>油船装卸</td><td>1. 能对码头、油船、油驳和操作工具进行安全检查
2. 能进行油船的装卸作业
3. 能完成鹤管虹吸填充和灌泵操作
4. 能完成油船的扫舱作业并将剩余油品扫回油罐或油船</td><td>1. 能估算装卸时间
2. 能核对计量发油数量并加铅封</td></tr>
<tr><td>使用设备</td><td>1. 能开、停、切换离心泵和其他油泵
2. 能使用电动、气动阀门
3. 能看懂设备铭牌
4. 能使用各类液位计、流量计
5. 能使用各类硫化氢报警仪及可燃气体检测仪
6. 能使用量油尺、温度计、密度计、量筒等计量器具
7. 能使用各类液位报警器
8. 能安装拆卸装卸油鹤管(胶管)并紧固连接部位
9. 能连接静电导除线
10. 能安装连接扫舱短管(胶管)
11. 能使用手摇式容积泵</td><td>1. 能根据不同的生产要求选择适用的泵
2. 能根据流量计送检情况判断流量计的使用状态
3. 能判断计量器具的有效性</td><td>能协助验收检修后的设备</td></tr>
</table>

续表

项目＼要求＼级别	初级工	中级工	高级工
维护设备	1. 能完成机泵的盘车 2. 能添加和更换阀门、机、泵的润滑油、润滑脂 3. 能完成紧固、更换阀门密封填料等简单设备维修工作 4. 能更换压力表、温度计	1. 能完成一般设备的堵漏、拆装盲板等操作 2. 能完成油罐的安全附件检查 3. 能配合相关工种做好检修工作	1. 能做好一般设备、管线交付检修前的安全确认工作 2. 能参与重点部位的腐蚀监测 3. 能组织实施各类安全附件全面的检查
判断事故	1. 能判断简单仪表故障 2. 能判断机泵常见故障 3. 能判断简单的油罐、管线、机泵、法兰、阀门的一般泄漏事故	1. 能判断作业现场常见事故 2. 能判断作业现场起火事故原因	能判断自动装油机泵运行时的常见故障
处理事故	1. 能使用消防器材扑灭初起火灾 2. 能使用器材进行自救和急救 3. 能处理一般跑、冒、滴、漏事故 4. 能处理泵抽空故障	能处理作业现场着火事故	1. 能处理油罐抽瘪、胀裂、冒罐、火灾、爆炸等重大事故 2. 能组织演练装置内各类事故应急预案
绘图	能绘出罐区收付油原理流程图	能绘出油品输送系统和装卸系统管线图	1. 能识读油罐、管线单体图、配管图 2. 能识读仪表联锁图 3. 能识读一般零件图
计量	1. 能使用容积表计算储罐、容器的容积 2. 能计算油品交库量 3. 能使用槽车容积表计算槽车的容积，并能计算槽车油品充装量	1. 具备查错复核能力 2. 能计算当天同一个油罐的付出量及库存量 3. 能统计同种油品收、发、存的数量 4. 能建立管辖范围内所有油品当天的库存台账 5. 能应用计算机计算油品库存	1. 能查出疑点数值产生的原因，具备综合查错复核能力 2. 能进行油品定额损耗考核 3. 能做月(季)结，对单据进行汇总并分类

表 1－2　油品装卸工的相关知识要求

项目＼要求＼级别	初级工	中级工	高级工
罐区管理	1. 收付油流程 2. 岗位操作法 3. 油罐的最大进油量及安全高度的有关规定 4. 油罐的罐底量和最大送油量的有关规定 5. 油罐标准测量操作法 6. 试油膏、试水膏的使用原理及方法 7. 消防泵站岗位操作法 8. 一般传热的基本知识 9. 巡检规定	1. 投用公共工程注意事项 2. 油品的质量指标 3. 管线的存油处理原则及方法 4. 罐区内固定消防泡沫系统流程	1. 油品损耗的原因及降低油品蒸发损耗的常用方法 2. 油罐、管线吹扫规定 3. 油罐试压方案 4. 油库管理基础知识

续表

项目		初级工	中级工	高级工
装卸作业	铁路	1. 铁路槽车类型划分及识别，各类型槽车技术参数 2. 槽车装卸操作法 3. 扫舱操作法 4. 槽车清罐作业相关管理规定 5. 槽车标准测量操作法	1. 油品的加热方法 2. 扫舱的操作方法	1. 减少油品蒸发损耗的常用方法 2. 气阻现象的产生、危害及克服措施 3. 水击产生的原因、消除和控制方法
	公路	1. 罐车种类及结构 2. 罐车灌装操作法	1. 灌装的流速标准 2. 油气的爆炸极限及油气的监测手段	
	水路	1. 油码头、船驳安全管理规定 2. 油船装卸操作法 3. 油船扫舱方法及操作法	标准计量方法（公式）	
使用设备		1. 泵的型号、结构、用途及工作原理 2. 阀门的型号规格 3. 液位报警仪工作原理及用途 4. 计量器具规格、用途 5. 常用装卸鹤（胶）管使用方法 6. 静电产生原理、危害及消除方法 7. 手摇式容积泵操作法	1. 计量器具周检及使用规定 2. 对外油品计量交接协议	设备验收知识
维护设备		1. 机泵盘车及润滑规定 2. 设备常用润滑油（脂）的规格、品种及使用规定 3. 岗位的设备完好标准 4. 常用维修工具型号、规格	1. 钳工相关知识 2. 油罐安全附件种类及结构 3. 动火知识及动火规定	1. 设备检修条件 2. 设备监测的基础知识
判断事故		1. 仪表工作原理 2. 机泵运行参数	装卸的相关规定	自动装油机的工作原理
处理事故		1. 消防器材型号、工作原理及用途 2. 设备密封知识 3. 消防知识、报警程序 4. 现场急救知识	灭火的基本常识	重大事故处理预案
绘图		绘流程图的基本知识	工艺配管图知识	1. 土建和施工图的基础知识 2. 仪表联锁图知识 3. 零件图基础知识
计量		1. 容积表查表方法 2. 油品交库规定 3. 槽车类型及计量表号的划分	1. 计算油品库存的方法 2. 计算机应用基础知识	1. 定额损耗测定 2. 统计学基础知识

注：此表摘自中国石油化工集团公司职业技能鉴定指导中心编．油品储运调合操作工．北京：中国石化出版社，2006。

五、权利

《中华人民共和国劳动法》为了保护劳动者的合法权利，明确规定了我国劳动者应该享有八种权利，即劳动者享有平等就业和选择职业的权利、取得劳动报酬的权利、休息休假的权利、获得劳动卫生保护的权利、接受职业技能培训的权利、享受社会保障福利的权利、提请劳动争议处理的权利及法律规定的其他劳动权利。

《中华人民共和国安全生产法》中又规定了“生产经营单位的从业人员有依法获得安全生产保障的权利，并应当依法履行安全生产方面的义务。”并规定了员工必须享有的主要有关安全生产和人身安全的最重要、最基本的权利和义务。

上述权利可概括为以下几点。

1. 知情权

所谓知情权就是从业人员有了解其作业场所和工作岗位存在的危险程度，以及控制消减风险的措施和事故应急处置方法的权利。员工知道其工作环境和岗位存在的危险因素和预防防范消减其风险的措施，以及相应的应急救援技术，可以避免造成生产安全事故和严重伤亡。例如员工进入储存轻质油品的油罐内进行清罐作业，存在着油品油气中毒窒息和着火爆炸的危险，就必须在作业前让员工知道。并且，还应让作业人员熟悉防止中毒窒息和预防着火爆炸的各项措施，知道该怎么办，不能怎么干。同时，还要使作业人员在遇到中毒窒息和火灾苗头的紧急情况下，知道该如何进行处置，避免或减少故事损失。

2. 接受教育权

所谓接受教育权就是员工有获得安全生产的教育培训的权利。国家有关法律、法规就安全教育培训问题，对生产经营单位提出了一系列的具体规定。譬如，生产经营单位必须建立健全员工安全教育培训制度，严格按照相关规定制度，对新工人、换岗工人进行上岗前安全教育培训，对在岗工人进行定期的安全培训等。如果未按规定对员工进行安全教育培训，生产经营单位将受到安全监督部门的处罚。

3. 劳动保护权

所谓劳动保护权就是员工有获得符合国家标准或行业标准劳动保护用品的

权利，有要求提供符合防止职业病要求的职业病防护设施和个人使用职业病防护用品的权利。我国有关部门对于各工种的劳动防护用品配备标准都有具体要求，生产经营单位的劳动条件若不符合国家规定，不向员工提供必需的个人防护用品的行为是违法行为，员工可以要求单位改正，也可以向有关部门检举、控告。

4. 拒绝权

所谓拒绝权就是从业人员有为了保护员工的人身安全、保证生产安全和环境保护而拒绝违章指挥和强令冒险作业的权利。我国规定生产经营单位不得因为员工拒绝违章指挥和强令冒险作业而降低员工的工资、福利待遇或者解除与其签订的劳动合同，用人单位也不得以此为由给予处分，更不得予以开除。

5. 建议权

所谓建议权就是从业人员有积极参与组织安全生产民主管理的相应权利，员工可以通过职工大会或职工代表大会等方式，对生产经营单位的安全生产规划、管理制度、管理方法、安全措施和规章制度的制定提出建议。因为安全生产关系到员工的利益，同时，员工工作在生产第一线，对安全生产问题和事故隐患最了解、最熟悉、最有发言权，具有他人不可替代的作用，因此，员工应有安全生产方面的建议权。

6. 批评、检举和控告权

所谓批评、检举和控告权就是从业人员有对本生产经营单位安全生产工作中存在的问题提出批评、检举、控告的权利，这是员工依法维护自己合法权益的法律手段。生产经营单位不得因员工对本单位安全生产工作提出批评、检举、控告而降低其工资、福利待遇或者解除与其签订的劳动合同，更不能将其开除。

7. 紧急避险权

所谓紧急避险权就是从业人员在发现直接危及人身安全的紧急情况时，有权停止作业或在采取可能的应急措施后撤离作业现场，并应将情况向用人单位的管理人员报告。赋予员工这一权利的原因是由于存在自然和人为的危险因素，生产经营场所经常会在作业过程中发生一些意外的或人为的直接危害员工人身安全的危险情况，将会或可能对员工造成人身伤害，为避免事故发生，保证安全生产，给予员工紧急避险权是必要的。生产经营单位不得因员工在紧急情况下停止作业或采取措施后紧急撤离作业现场而给予员工任何处分，也不得降低其工资、福利待遇或者解除与其签订的劳动合同。

8. 享受工伤保险和伤亡赔偿权

所谓享受工伤保险和伤亡赔偿权就是从业人员造成工伤后享有工伤保险的权利和因事故造成死亡后享有伤亡赔偿的权利。

六、义务

权利和义务是对等的，没有无权利的义务，也没有无义务的权利。员工依法享有权利的同时，也必须承担相应的法律义务和法律责任。按照《中华人民共和国安全生产法》规定，员工承担的基本义务主要有以下几方面。

1. 遵章守纪，服从管理

依据相关法律法规的规定，生产经营单位为了保证生产经营活动的顺利进行，可以制定本单位安全生产的规章制度和操作规程。员工必须严格依照这些规章制度和操作规程进行生产作业。生产经营单位的负责人和管理人员有权依照规章制度和操作规程进行安全管理，监督检查员工遵章守纪情况。依据法律规定，员工若不服从管理，违反安全生产规章制度和操作规程的，由生产经营单位给予批评教育，并可依据有关规章制度给予处分；造成重大事故，构成犯罪的，依法追究刑事责任。

2. 接受教育培训，掌握安全生产技能

不同行业、不同生产经营单位、不同岗位、不同作业阶段、不同生产设施和设备具有不同的安全技术性能要求，具有不同的风险种类和级别，同时，随着生产经营领域的不断扩大和高新安全技术设备的大量使用，生产经营单位对员工的安全生产技能和素质的要求越来越高。而员工的安全意识和安全技能的高低，直接关系到生产经营活动的安全可靠性。为了抓好安全工作，防止各种事故，员工有义务接受安全生产教育培训，掌握员工本职岗位所需的安全生产知识，努力提高安全生产技能，增强事故预防和应急处理能力。

3. 正确使用劳动保护用品

为减少人身伤害，法律要求员工必须正确佩戴和使用劳动保护用品，如从事高处作业的工人必须佩戴安全带以防坠落；进入有毒有害区域作业的人员必须按相关规定使用合适的防毒器具。但实际工作中，一些员工往往缺乏安全防护知识，缺乏自我保护意识，不按规定佩戴和使用安全保护用品，由此引发的人身伤害事故时有发生，造成不必要的人身伤亡，我们应牢牢记取这些惨痛教训。

4. 发现故事隐患及时报告

员工直接进行生产经营作业，是事故隐患和不安全因素的第一当事人。许多安全生产事故的发生是由于员工在作业现场发现事故隐患和不安全因素后，没有及时报告，延误了采取措施进行积极处理的时机。为此，有关法律规定：员工发现事故隐患或者其他不安全因素，应当立即向现场安全管理人员或者本单位负责人报告。接到报告的人员应当及时予以处理。生产经营单位发生安全事故后，事故现场的有关人员应当立即报告本单位负责人。

第二节　油库类型分区与工艺流程

一、油库的类型

油库是储存、输转和供应石油及石油产品的专业性仓库，是协调原油生产和加工、成品油运输及供应的纽带，是国家和军队石油储存和供应的基地。商业油库是用于接收、储存、输转和供应民用油料和油料装备的仓库，是国家经济建设和人民生活的重要设施之一。

油库的类型很多，大体上可从以下几个方面分类。

1. 按管理体制和业务性质划分

根据油库的管理体制和业务性质，油库可分为独立油库和附属油库两大类型，如表 1－3 所示。

独立油库是专门接收、储存和发放油品的独立企业或单位；附属油库则是企业或其他单位为了满足本部门需要而设置的油库。商业系统的大多数油库都属于独立油库，石油部门的油田原油库和炼油厂的油库多属于企业附属油库。军队系统的油库则两者都有。

表 1－3 油库类型(按管理体制和业务性质分类)

独立油库						附属油库						
民用油库			军用油库			民用油库					军用油库	
储备油库	中转油库	分配油库	储备油库	转运油库	供应油库	油田原油库	炼油厂油库	机场及港口油库	农机站油库	其他企业油库	机场油库	地面部队油库

2. 按容量和年供应收发量划分

按《石油库设计规范》GB50074—2002，将油库划分为五级。石油库总容量 $TV(\mathrm{m}^3) \geqslant 100000$ 为一级，$30000 \leqslant TV < 100000$ 为二级，$10000 \leqslant TV < 30000$ 为三级，$1000 \leqslant TV < 10000$ 为四级，$TV < 1000$ 为五级。

3. 按油罐设置的位置划分

油库按油罐设置位置不同，分为地面油库、地下(半地下)油库、山洞油库和水封油库。

(1) 地面油库系指储油罐直接建在地面上。

(2) 地下(半地下)油库系指储油罐安装(埋设)于掘开的地下(半地下)掩体内。

(3) 山洞油库系指储油罐安装于人工开挖的或天然的山洞内。

(4) 水封油库系指采用水封原理储存石油及其产品的仓库。

二、油库的区域划分

1. 油库的分区布置

石油库分区及其主要建筑物和构筑物宜按表 1－4 的规定分区布置。

表 1－4 石油库分区及其主要建筑物和构筑物

序号	分区		区内主要建筑物和构筑物
1	储油区		油罐、防火堤、油泵站、变配电间等
2	油品装卸区	铁路油品装卸区	铁路油品装卸栈桥、站台、油泵站、桶装油品库房、零位罐、变配电间等
		水运油品装卸区	油品装卸码头、油泵站、灌油间、桶装油品库房、变配电间等
		公路油品装卸区	高架罐、灌油间、油泵站、变配电间、汽车油品装卸设施、桶装油品库房、控制室等
3	辅助生产区		修洗桶间、消防泵房、消防车库、变配电间、机修间、器材库、锅炉房、化验室、污水处理设施、计量室、油罐车库等

续表

序号	分　区	区内主要建筑物和构筑物
4	行政管理区	办公室、传达室、汽车库、警卫及消防人员宿舍、集体宿舍、浴室、食堂等

注：(1) 企业附属石油库的分区，尚宜结合该企业的总体布置统一考虑。

(2) 对于四级石油库，序号 3、4 的建筑物和构筑物可合并布置；对于五级石油库，序号 2、3、4 的建筑物和构筑物可合并布置。

2. 油库分区的要求

油库各区位置要求见表 1－5。

表 1－5　油库各区位置要求

区　名	位　置　要　求
储油区	地上油罐宜按地形条件布置在低于卸油区、高于装油区的位置。按规划预留扩建油罐的场地。地下坑道式油罐室的布置，应最大限度地利用岩石覆盖层的厚度。油罐室顶部岩石覆盖层的厚度，应满足防护要求。油库口部外防护半径范围内除口部伪装外，不得建其他建筑物
铁路装卸区	宜布置在油库或装卸油站的边缘地带，不宜与库、站出入口的道路相交叉，铁路装卸油专用线的卸油车位按双股道尽头式布置。规划预留扩建装卸油车位的场地
水运装卸区	应按停靠油轮的需要，布置接受压舱水或洗舱水的设施
公路装卸区	应布置在油库面向公路的一侧。宜设围墙与其他各区隔开，并设置单独出入口，在出入口处设业务室，出入口外侧设停车场
行政管理区	必须设围墙(栅)与其他各区隔开，应设单独对外的出入口

三、油库工艺流程

油库工艺流程是指油料按规定的工艺要求在油料容器、油泵、管道中的流动过程。设计科学合理的工艺流程是油库完成油料储存、输转和供应等各项任务的基础。

1. 制定工艺流程的要求

(1) 应能完成油料装卸、倒装、输转等油库主要作业工艺要求。

(2) 充分利用地形，尽量实现自流作业，以降低投资，减少能源消耗。

(3) 在保证油料质量的前提下，合理地处理好“一管多用”、“一泵多用”和“专泵专用、专管专用之间的关系。

（4）在满足工艺要求的前提下，尽量缩短管路、减少阀门数量，做到经济合理。

（5）应在适当部位设置备用接头，以供特殊情况下使用。

2. 油库管路系统

油库工艺流程主要由输油管路系统、真空管路系统和放空管路系统组成。

1）输油管路系统

输油管路系统是油库工艺流程的主要部分，用来收油、发油和库内输转。各种工艺过程的变换大多是通过管组的调整来实现的。输油管道系统有单管系统和双管系统，如图1－1所示。

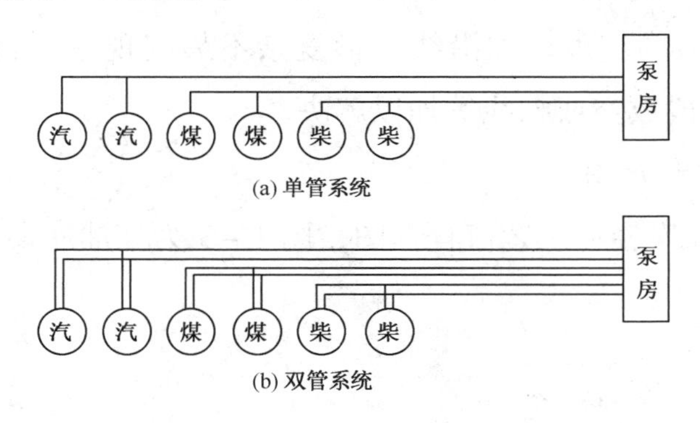

图1－1　输油管路系统的形式

单管系统是将油罐按储油品种不同分为若干罐组，每一罐组各设一根油管，在每个油罐附近分支与油罐相连。单管系统的优点是布置清晰，专管专用，管材耗量少。缺点是同组罐无法输转，管路发生故障时同组罐均不能操作。

双管系统是每个罐组各有两根输油干管，每个油罐分别有两根进出油管与干管连接。其优点是同组油罐中的油料可以互相输转，操作比单管系统方便，但管材耗量多。

一般说来，对于油罐数目多、油料品种多、收发作业频繁并且储存区与作业区距离较近的油库，可以选用双管系统。对于油料品种少、收发作业少并且储存区和作业区距离较远的油库，以选用单管系统为宜，若同组油罐输转和管路发生故障时，可采用在管路适当部位预留备用接头，临时接管的办法解决。

2）真空管路系统

真空管路系统用于抽真空引油和抽油罐车（或油驳）底油，它由真空管路、真空罐、真空泵和其他附属设备组成。

3）放空管路系统

放空管路设置的目的在于将管路中的油料或油罐中的底油通过自流放入放空罐内。其作用有四：一是为了实现“一管多用”，即用一根管路输送多种牌号的油料而不发生混油；二是为了防止积存在管路中的油料受热膨胀而破坏管路或管件，保证管路安全；三是便于管路检修；四是便于油罐清洗。

输油管路应尽可能实现一次自流放空，一般轻油应有不小于2‰的坡度，黏油应有不小于3‰的坡度。如沿线地形复杂不易实现一次自流放空时，应采取局部措施，如分段放空或扫线等加以解决。

3. 油库工艺流程示例

图1－2为某油库轻油工艺流程框图，图1－3为某油库黏油工艺流程框图。

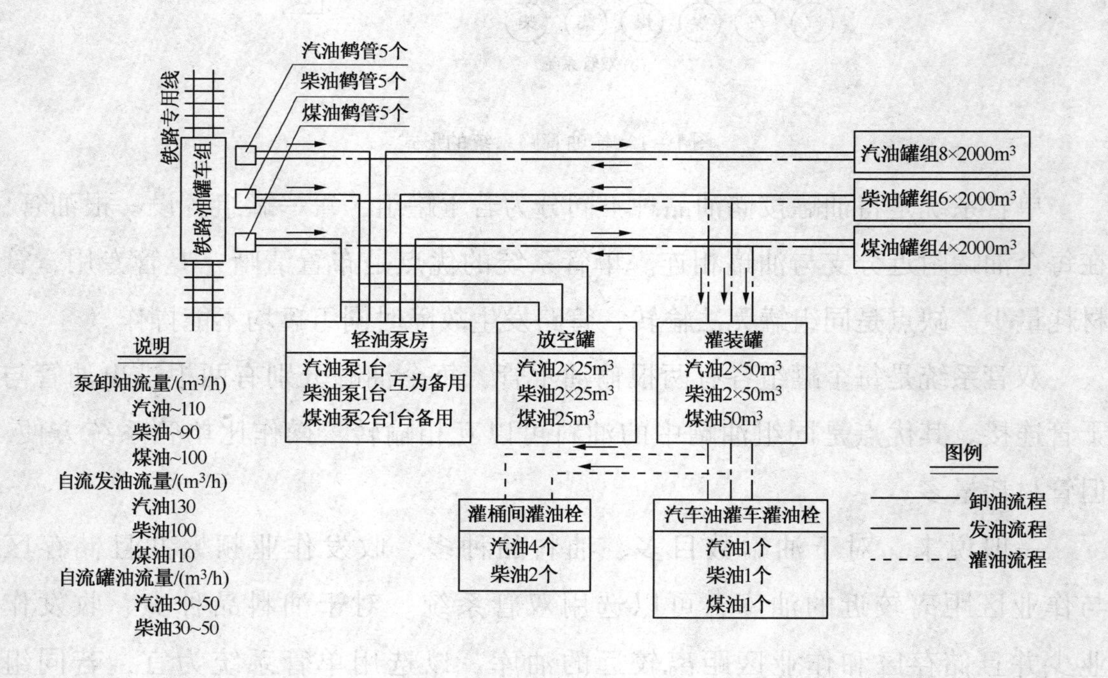

图1－2　某油库轻油工艺流程框图

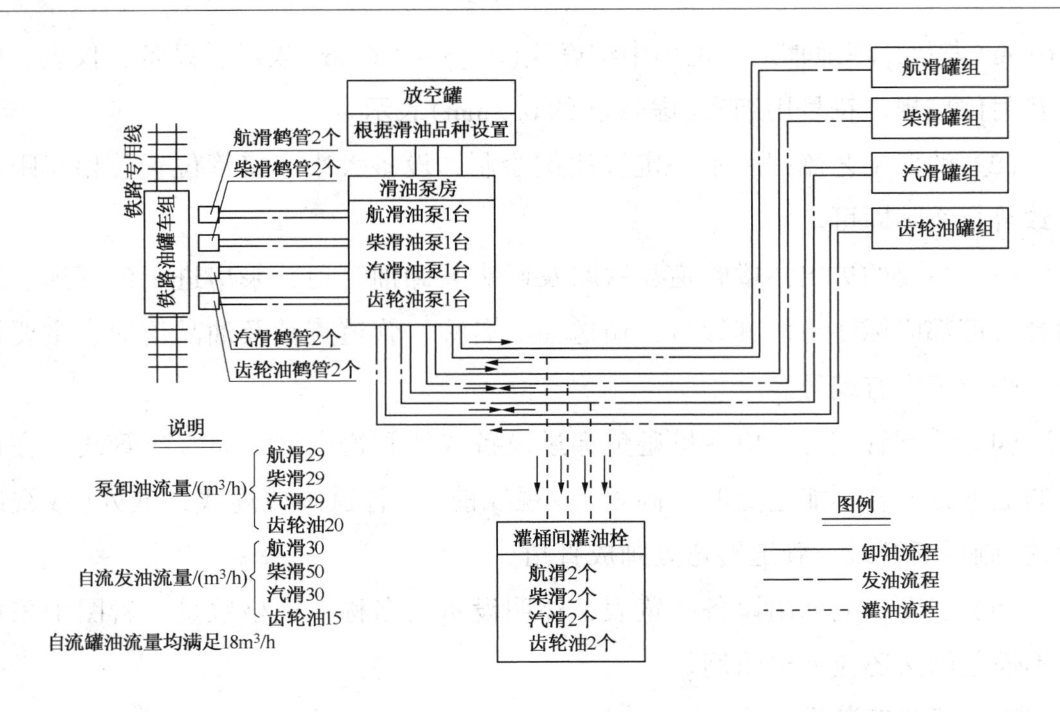

图1－3　某油库黏油工艺流程框图

第三节　管道图的绘制与识读

反映管道设计布置的图形称为管道图。油库中常用的管道图有两种，一是工艺流程图，它是反映油品按规定的工艺要求在容器、油泵、管道及其他附件设备中流动过程的图形，是油库油品装卸工完成油品接收、发运、倒罐输转等多项作业的操作指导文件，同时也是新员工上岗前培训的教材；二是工艺安装图，它是按绘图规范要求，根据设计的长度、大小、方向、位置绘制的工程图样，是指导管道施工和维修的重要文件，同时也是编制工程概预算的依据。下面简要介绍油库工艺流程图和管道工艺安装图的绘制方法和识读应用。

一、油库工艺流程图的画法

绘制油库工艺流程图的要点如下：

(1) 一般用单线绘制。输送油品的主管道，地上的一般用粗实线(约0.9mm)表示，地下的用粗虚线(约0.9mm)表示；辅助管道用中细实线(0.45 ~

0.6mm)表示，埋地辅助管道用中细虚线(0.45～0.6mm)表示；设备、仪表、阀门及附件按规定符号用细实(虚)线(约0.3mm)表示。

(2) 油库工艺流程图不一定按比例绘制，设备大小、接管位置、相互距离大致符合实际即可。

(3) 主要的进出油罐管道、铁路及码头装卸油管道、泵房进出油管道、发油台管道都应标注清楚其编号、输送油品名称、管道直径及油品流向。主要设备、阀门等应有编号。

(4) 绘制管道时，应尽量避免穿过设备或使管道交叉，通常将管线画在设备的上下方。若不能避免时，高处(或视线前的)管道画成连线，低处(或视线后的)画成断开线。管道转弯处画成直角。

(5) 图面上应列出设备一览表，注明设备的名称、规格数量。若图中采用了不规范画法还应列出图例。

二、管道安装图的画法

1. 线型

通常绘制管道工艺安装图时，线型按图1－4选择。

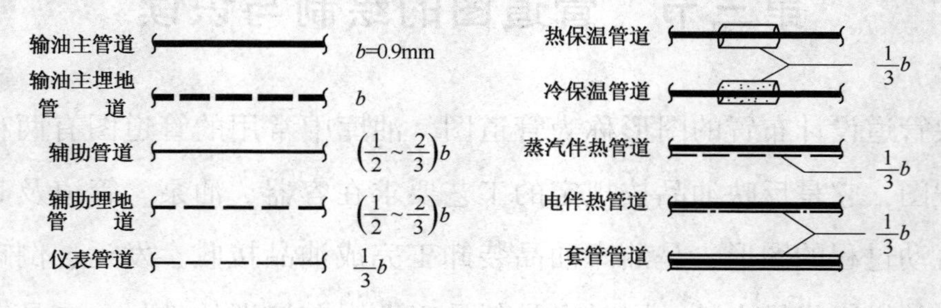

图1－4　绘制管道图的线型

2. 比例

比例按照油库管网实际情况和图幅大小来确定，一般采用1∶50、1∶40、1∶30、1∶25，也有用1∶100或1∶10的。

3. 视图

视图按照正投影原理绘制，俯视图、正立面图、侧视图均有采用，视情况而定，以方便阅读为准。

4. 重叠管道的画法

长短相等、直径相同(或接近)的两根管子如果叠合在一起，它们在某一面的投影就完全重合，反映在投影面上积聚成一根管子的投影，这种现象就称为管子的重叠。

为了识图方便，当投影中出现两根管子重叠时，假想前(上面)一根管子已经截去一段(用折断符号表示)，这样便显露出后(下面)一根管子。工程图中称这种表示管线的方法为折断显露法。

图1－5是两根重叠管线平面图，表示断开的管线高于中间显露的管线；如果所示是立面图，那么断开的管子表示在前，中间显露的管线表示在后。

图1－6是弯管和直管两根重叠管线的平面图。当弯管高于直管时，它的平面图如图1－6(a)所示，画起来一般是让弯管和直管稍微断开3～4mm，断开处可加折断符号(也可不加折断符号)。如果是立面图，则表示弯管在前，直管在后，当直管高于弯管时，一般是用折断符号将直管折断，并显露出弯管，它的平面图如图1－6(b)所示。如果是立面图时，表示直管在前，弯管在后。

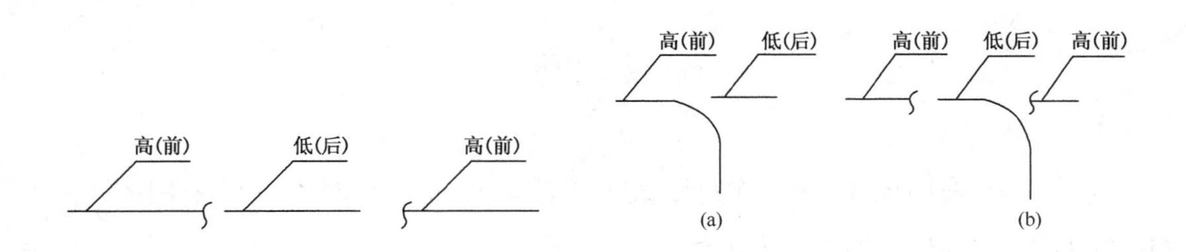

图1－5　两根重叠直管的画法　　图1－6　直管与弯管重叠的画法

图1－7所示的平、立面图，表示四根管径相同、长短相等、由高向低、在同一铅垂面内的平行排列管线。如果仅看平面图，不看管线编号的标注，很容易误认为是一根管线。但对照立面图就知道是四根管线了。编号自上而下分别为1、2、3、4，如果用折断显露法来表示四根重叠管线，如图1－7所示，就可以清楚看到，1号为最高管，2号为次高管，3号为次低管，4号为最低管。

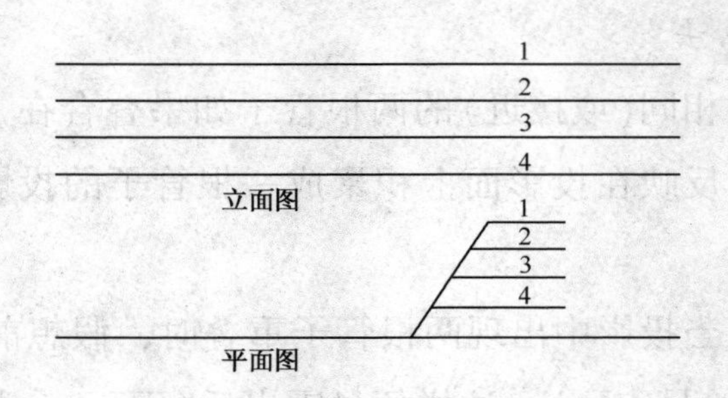

图 1－7　四根成排管线的平、立面图

5. 标注

1）管径标注

无缝钢管用“外径×壁厚”标注，如 $\phi108\times4$，有时“ϕ”可省略。

水、煤气管、铸铁管、塑料管采用公称直径“*DN*”标注，见图 1－8。

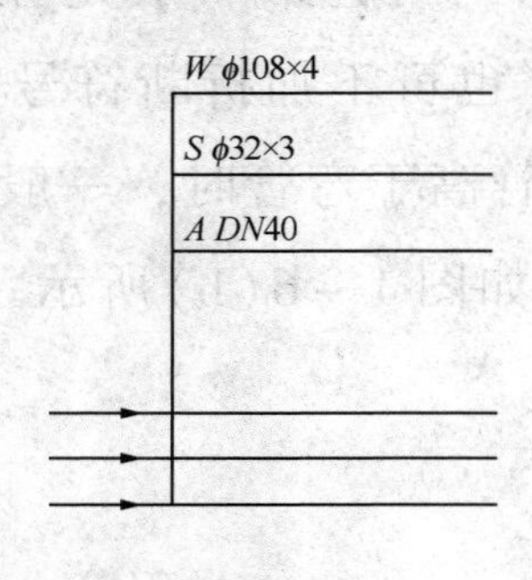

图 1－8　管径标注

2）标高标注

标高一般采用图 1－9(a)的形式，当注写位置不够时，也可采用图 1－9(b)的形式。标高一律以 m 为单位。

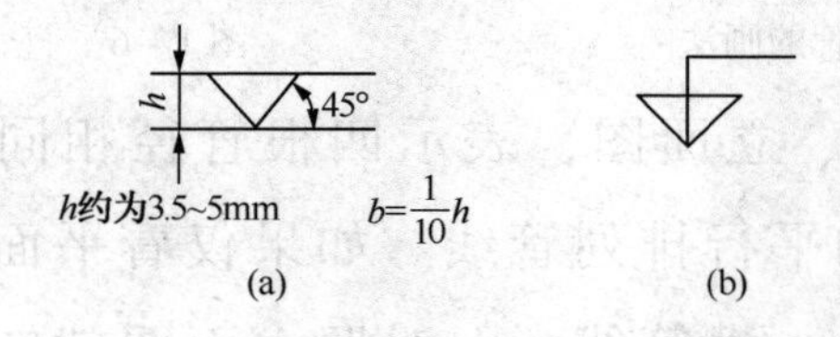

图 1－9　管径标注形式

管道一般标注管中心的标高，必要时，也可标注管底标高。标高一般标注至小数点后二位。

零点标高标注成 ±0.00，正标高前可不加正号（+），但负标高前必须加注负号（-）。

标高一般应标注在管道的起始点、末端、转弯及交点处，如图 1-10 所示。若需标注几个不同标高时，可按图 1-10(f) 所示方式标注。

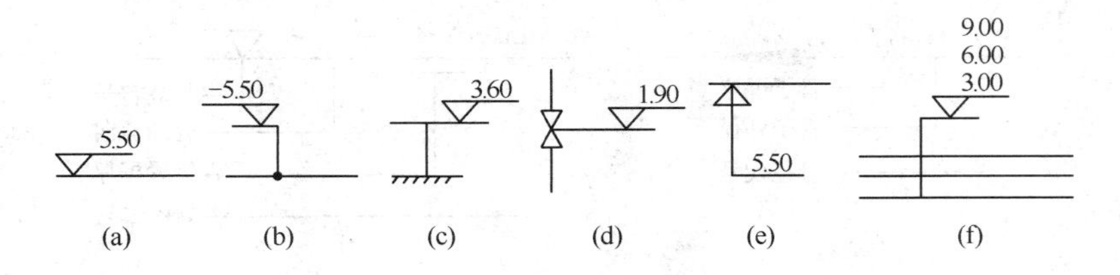

图 1-10　标高标注的位置

3）坡度与坡向的标注

坡度符号为"i"，表示时往往在"i"下面加上符号，再注上坡度值。坡向符号以箭头表示，常用表示方法如图 1-11 所示。

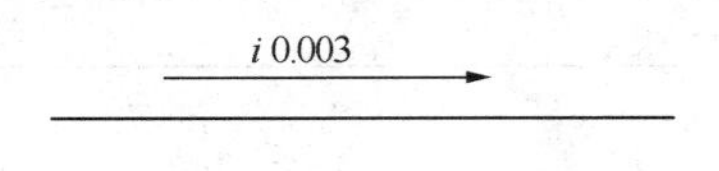

图 1-11　管道坡度

4）尺寸标注

尺寸符号由四部分组成，即：尺寸界线、尺寸线、箭头（或起止线）和尺寸数字，如图 1-12 所示。需要注意：管子或管件的真实大小以图样上所注尺寸数字为依据，与图形的大小及绘图的准确度无关。

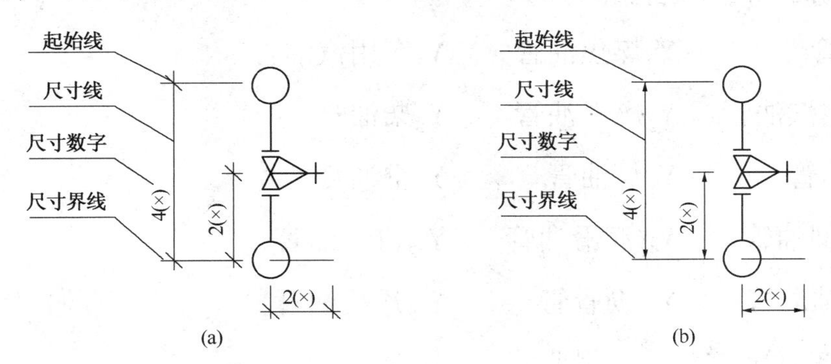

图 1-12　管道尺寸的标注

管道的尺寸数字应标注在尺寸线上面，其单位一般取毫米（mm）。为了使图纸简单明了，可免注“mm”单位。但若取其他单位时则必须注明。

管线的表示方法很多，有标编号的和不标编号的；有标介质、温度、压力的和不标这些数据的；也有编管号及管子等级的，内容上、形式上取舍很大。简单的管线表示方法如图 1－13 所示。

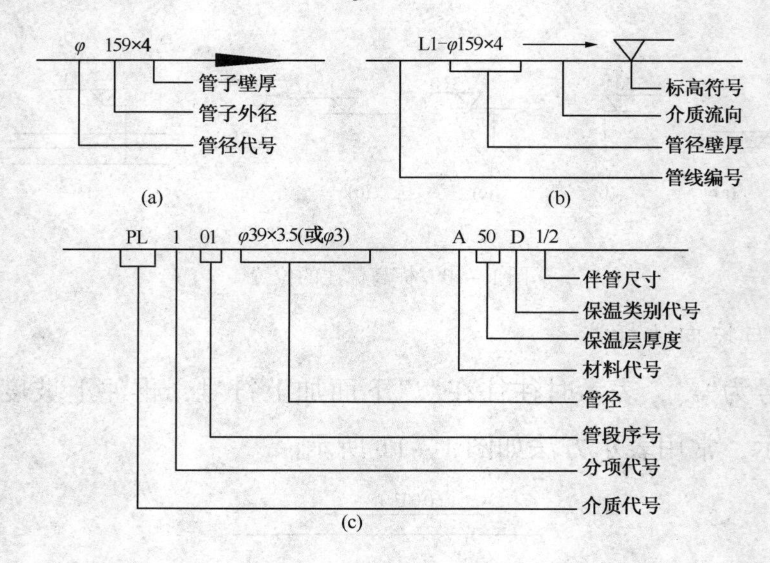

图 1－13　管道的表示方法

5）管道代号

管道代号共分为 23 大类，每一大类用同一个字母或二个字母，而在其右下方注以数字表示不同性质的液体或气体管路。

例如：油管的规定代号为“Y”

$Y_{原}$油管	Y_2煤焦油管	Y_3车用汽油管
Y_4航空汽油管	Y_5燃料油管	Y_6柴油管
Y_7煤油管	Y_8灯油管	Y_9重油管
Y_{10}溶剂油管	Y_{11}润滑油管	Y_{12}汽缸油管
Y_{13}车轴油管	Y_{14}沥青管	Y_{15}透平油管
Y_{16}绝缘油管	Y_{17}润滑脂管	

又如：上水管道代号为“S”，下水管道代号为“X”，蒸汽管道代号为“Z”，煤气管道代号为“M”等。

三、常用图例

绘制工艺流程图常用图例见表1－6，绘制管道安装图常用图例见表1－7。

表1－6　绘制工艺流程图常用图例

	名　　称	符　　号	名　　称		符　　号
管接头	外接头		活接头		
	内外螺纹接头		偏心异径管接头	同底	
	同心异径管接头			同顶	
	弯头(管)		双承插管接头		
	三通		快换接头		
	四通		法兰盖		
	螺纹管帽		盲板		
	堵头		管间盲板		
伸缩器	矩形伸缩器		波形伸缩器		
	弧形伸缩器		套筒伸缩器		
常用阀门	闸阀		三通阀		
	截止阀		四通阀		
	止回阀		安全阀	弹簧式	
	球阀			重锤式	
	蝶阀		减压阀		
	角阀		疏水阀		

续表

名　称		符　号	名　称	符　号
常用阀门	旋塞阀	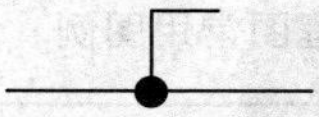	电磁阀	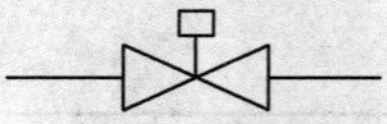
	电动阀		节流阀	
连接方式与仪表附件	螺纹连接		消气器	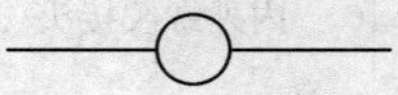
	法兰连接		流量计	
	焊接连接		指示度(计)	
	过滤器	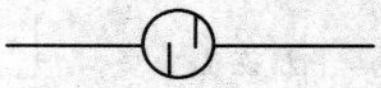	记录仪	
常用设备	电动离心泵	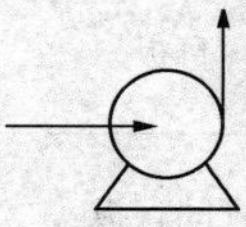	真空泵	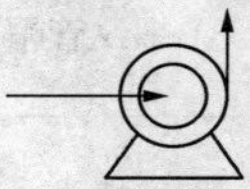
	管道泵	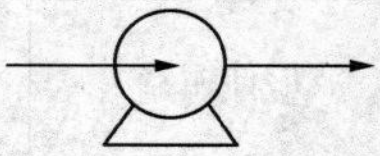	立式油罐	
	电动往复泵	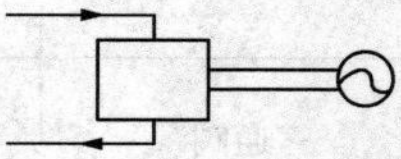	卧式油罐	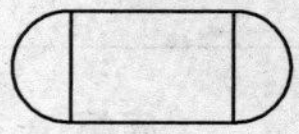
	蒸汽往复泵	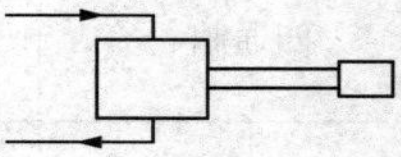	鹤管	
	齿轮泵	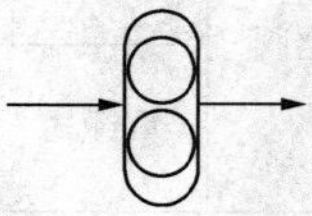	胶管	
	螺杆泵	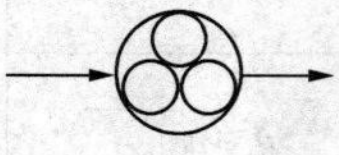	卸油臂(快速接头)	

表1－7　绘制管道安装图常用图例

序号	名称	图　例	序号	名称	图　例
1	手动法兰闸阀	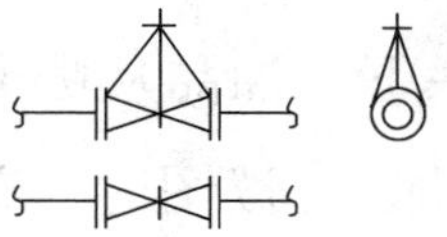	7	手动法兰球阀	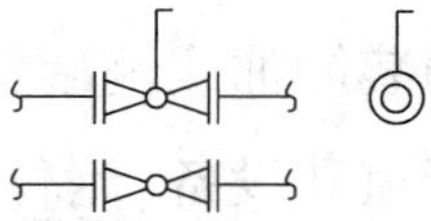
2	气动法兰闸阀	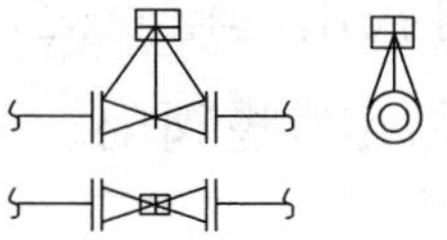	8	电动法兰球阀	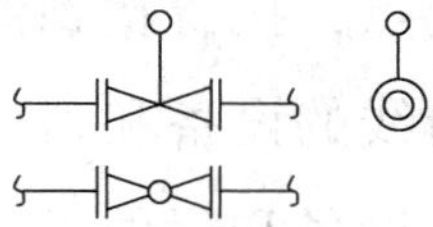
3	手动法兰截止阀	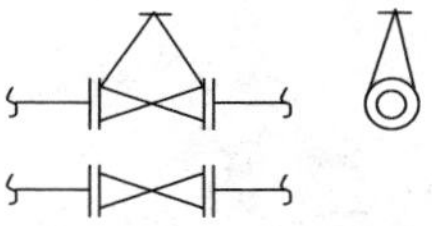	9	旋塞阀	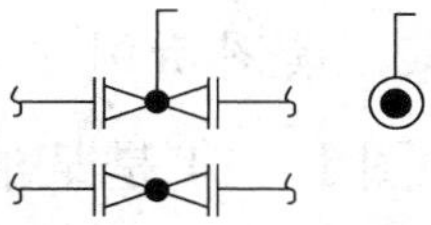
4	升降式止回阀	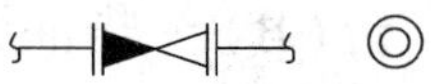	10	旋启式止回阀	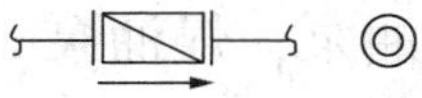
5	蝶阀	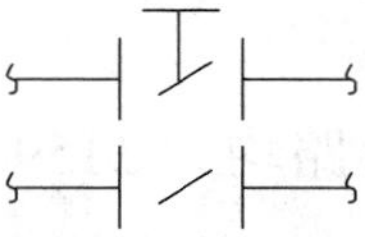	11	过滤器	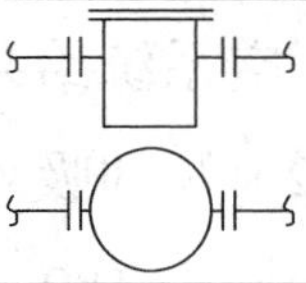
6	底阀		12	流量计	

四、油库工艺流程的识读与应用

1. 读图方法

（1）拿到一张工艺流程图，首先应了解该图概况，弄清楚是油库工艺流程总图，还是某一区域的局部流程图。

（2）查看装卸区的流程，弄清是铁路还是水路或公路来油；弄清是泵卸泵发，还是自流卸发；弄清是通过哪些管道与铁路油槽车（或油轮或汽车油槽车相连）；弄清通过哪根管道与哪个油罐相连的。

（3）查看储罐区情况，弄清油罐的数量、型号、容量、位置、编号、储油品种牌号、相互间的关连。

(4) 查看泵房情况，弄清泵的型号、数量、用途、相互间的关系；若是离心泵还要弄清灌泵方式是什么；弄清能否并联或串联使用；弄清能否倒罐作业。

(5) 应弄清管道的走向、有哪些附件，还要看看说明。在此基础上，提出某种装卸油或倒罐作业，在流程图上验证一下，油品从哪儿开始流动，经过哪根管道和设备(附件)，流至哪个油罐(目的地)。读图时，首先应找出油品流动的起点，接着找到油品流动的终点，然后再找出起讫点之间的管道走向，并看清沿线的设备和附件，从而确定作业时应关闭哪些阀门、开启哪些阀门、使用哪些设备和附件.

2. 读图示例

图 1 – 14 是某油库工艺流程图。

(1) 流程概况。该图为油库的局部工艺流程图。由图中可知，泵房内共设 4 台油泵，煤油泵 2 台(A 与 A1)，汽油泵 1 台(B)，柴油泵 1 台(C)，另外设有水环式真空泵(SZ – 2)2 台，真空罐 3 个(煤油、汽油和柴油各 1 个)。该泵房采用真空系统给泵灌泵引油和抽吸槽车底油。

(2) 泵的吸入管路均为 $\phi219 \times 7$，排出管路均为 $\phi159 \times 5$；真空罐上的油管和气管均为 $\phi89 \times 4$，真空泵的气管为 2½″和 2″，给水管为 3/4″，与泵吸入管相连抽真空引油的气管为 3/4″。

(3) 煤油泵 A 与 A1 的吸入管和排出管是分别连通的，可以互为备用，与汽油泵 B 和柴油泵 C 之间以盲板(三)隔断。

泵 A 与泵 A1 可以并联使用。汽油泵 B 与柴油泵 C 的排出管是连通的，中间以阀门相隔，吸入管是以盲板(五)隔断的。特殊情况下，泵 B 与泵 C 也可互为备用。

(4) 真空系统安装了 2 台 SZ – 2 型水环式真空泵，可以互为备用。抽吸底油时，三种油品各自使用各自的真空罐，以避免混油。各油泵的吸入口均有真空管路与其油品的真空罐相连。欲引油灌泵时，首先开启真空泵，抽吸真空罐使其形成负压，再打开与泵吸入口连接的真空管上的阀门，继而使泵吸入管形成负压，将油槽车内油料引入泵腔，进行灌泵。当吸入管充满油品时，开泵，即可卸油。

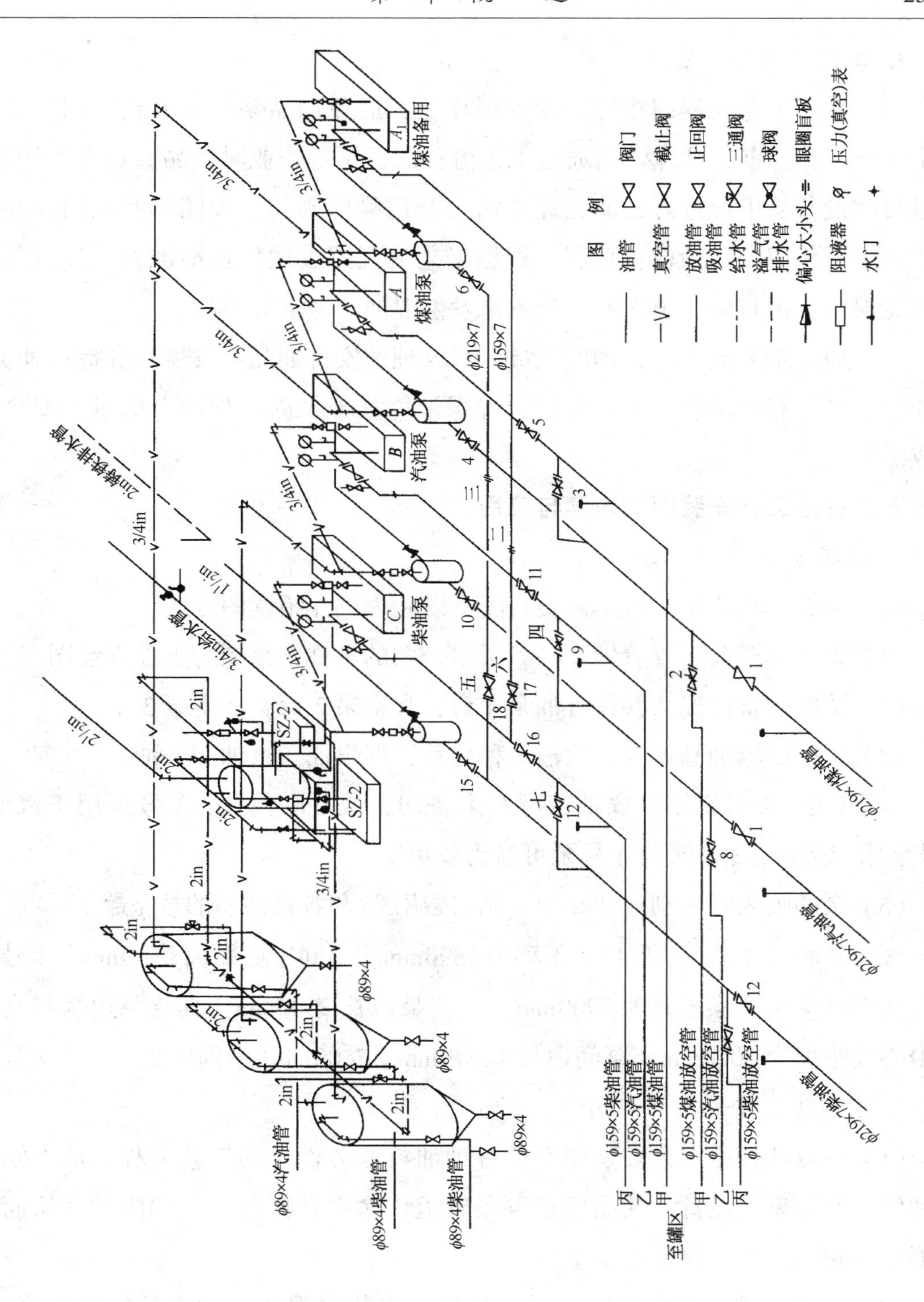

图 1－14　轻油泵房工艺流程轴测示意图

3. 工艺流程图的应用

(1) 利用工艺流程图指导油库油料作业，避免油品装卸工开错阀门，确保安全生产。作业前，油库人员通过工艺流程图，了解作业时油品通过哪条管线、经过哪些设备从甲罐进入乙罐，途中需要开启哪些阀门、关闭哪些阀门，并了解作业中所使用的各种设备情况。根据工艺流程图去做作业前准备，经过复核确认无误后，再具体实施作业，就不易发生混油、溢油等事故了。

(2) 通过工艺流程图，调度人员可以合理地安排油品收发输转和储存业务，使油库各系统有机结合，正常运转，确保油库任务及时、保质、保量、安全地完成。

五、管道工艺安装图的识读与应用

1. 读图方法

图 1－15 为某油库泵房工艺安装图，以此为例介绍读图方法。

(1) 先了解概况，查看标题栏，了解该图的名称，该图为平面安装图。

(2) 了解设备情况，共设有油泵 4 台，真空泵 2 台，真空罐 3 个。

(3) 了解所输油品情况，共输 3 种油品，即煤油、汽油和柴油。

(4) 1 号、2 号泵用于煤油，可互为备用，或并联使用；3 号泵用于汽油，4 号泵用于柴油，3 号泵与 4 号泵可互为备用。

(5) 泵的吸入管分别通往卸油台站(或罐区)和各自油品的放空罐。

(6) 平面尺寸：1 号泵与墙距离为1890mm，泵间中心距离2500mm，4 号泵中心线距真空泵边缘距离为 2900mm，真空泵边长 2500mm，真空泵边缘与真空罐中心线距离为 2000mm，泵间边长 16640mm × 7800mm(中到中)。

2. 管道工艺安装图的应用

(1) 可以从管道工艺安装图了解各种油料业务作业的工艺流程，从中知道某种作业使用哪些设备、油品经过哪条管道、途中有哪些阀门和附件，从而保证不开错阀门，以确保作业安全。

(2) 通过管道工艺安装图，可以统计出安装时需要各种型号规格的管道、阀门、附件的数量，以便施工前备料，因此，它是工程建设单位必不可少的基础资料，是工程管理的基本依据。

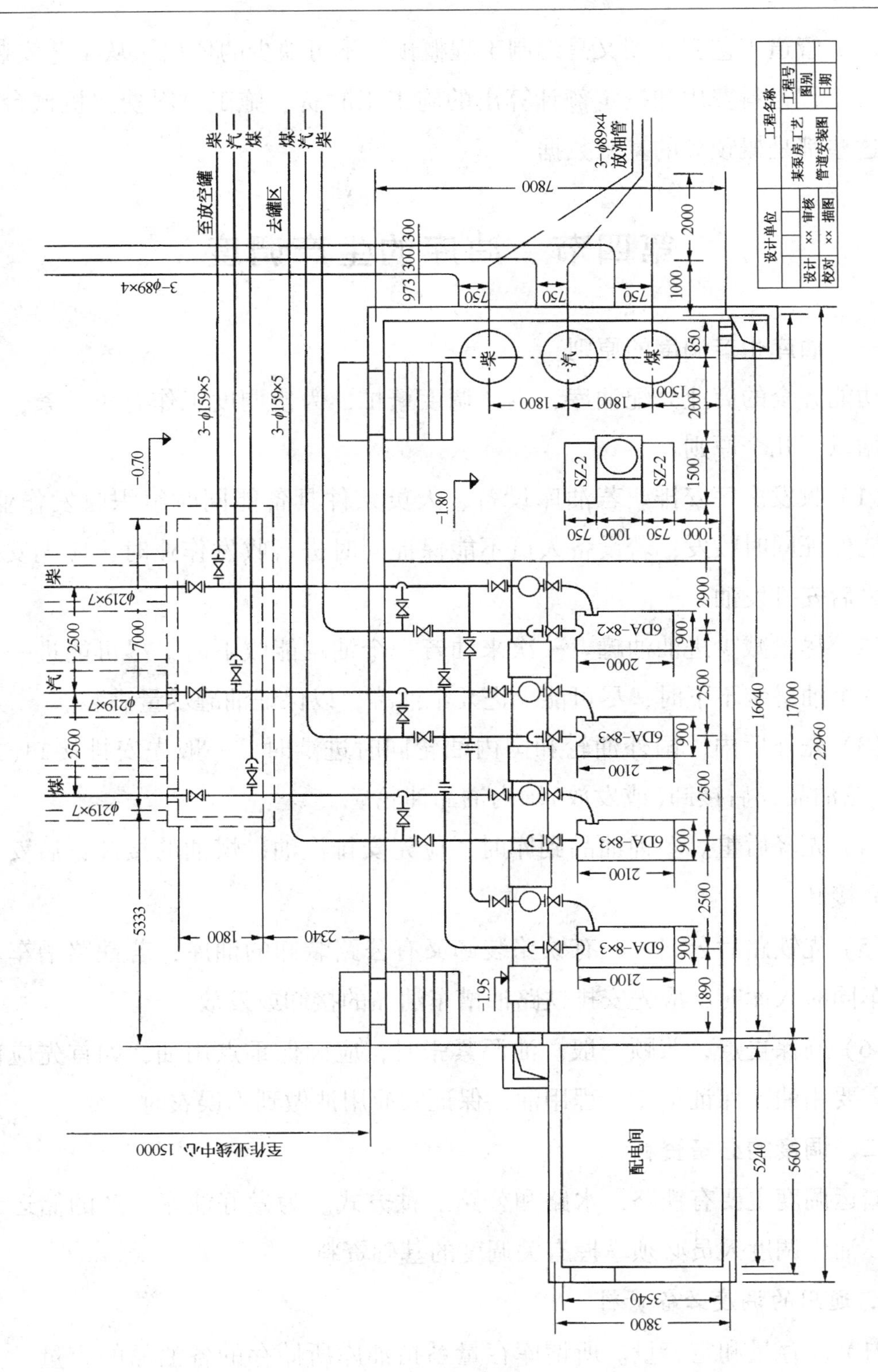

图 1－15　轻油泵房工艺安装图实例

（3）管道工艺安装图又是编制工程概预算不可缺少的依据。从工艺安装图，可求得工程材料费用和按定额计算出的施工工时费、施工材料费、机械台班费等，这些都是概预算的基础数据。

第四节　油库的生产调度

一、油库生产调度的原则

功能齐全的商业分配油库，生产调度繁忙，为使调度工作有条不紊，一般应遵循以下几个原则：

（1）收发次序安排。若油库设备、人员条件具备能同时组织收发作业时，尽可能保证同时收发；若设备人员不能保证同时进行收发作业时，应先安排收油，之后安排发油。

（2）尽量减少进油油罐。一次来油若一个油罐能收下时，尽可能进一个油罐；一个油罐装不下时，尽可能少进几个油罐，以保证油罐尽量满装。

（3）先外后内。国外油轮和国内油轮同时进港时，一般先安排接卸(或发放)外轮油品，后接卸(或发放)国内油品油轮。

（4）先轻后重。多种油品到库时，应先安排汽油、煤油的接卸，后安排其他油品接卸。

（5）先铁路后公路。既有铁路装卸又有公路装卸的油库，若铁路槽车和汽车槽车同时入库时，应先安排铁路油槽车油品的接卸或发放。

（6）确保重点，兼顾一般。油源紧张时，应确保重点用油，如首先应保证国防需要用油，保证重点工程用油，保证农业用油做到不误农时。

二、调度的必备资料

储运调度主要有铁路、水路和公路三种方式。为做好油库生产的储运调度工作，油库调度人员必须掌握有关调度的基础资料。

1. 通用的调度必备资料

（1）库存量和空容量。所谓库存量系指油库所储存的各油品的容量，一般以体积计算；所谓空容量系指油库某油品目前可以接收的数量。油库一般都有油罐存油测量记录，不少油库已应用计算机管理，由计算机可很快查找到各油品的库存量和空容量。

(2) 工艺流程图。油库管道一般说来相对稳定，但有时为满足生产需要也会作些调整。生产调度员应及时掌握工艺管道的变化情况，应熟练掌握油库工艺流程。对于多种油品共用管道，应记录清楚其管中存油的品种数量，尽可能优先安排收发同一品种牌号的油品，若不能时应先按规定清洗管道。

(3) 满足某些油品的特殊要求。为确保油品质量，某些油品在其储运过程中有些特殊要求，调度时必须予以满足，如航空油料、变压器油等。

(4) 掌握油库内有关油罐、油泵、管道等设备状况是否完好，有无漏油、损坏，或有无其他妨碍油品收发的因素等情况。

2. 铁路调度的必备资料

铁路调度除掌握通用的必备资料外，还应掌握下列资料：

(1) 油库铁路专用线油料装卸作业段的长度、车位数，装卸鹤管的数量、油品名称牌号。

(2) 等待装卸的槽车的品名、位置，待发车的数量、品名和去向。

(3) 请车计划、增补计划，以及铁路可运的去向等。

3. 公路调度的必备资料

公路调度除掌握通用的必备资料外，还应掌握下列资料：

(1) 汽车油罐车的装卸油车位、数量、油品名称牌号。

(2) 汽车油罐车在发油台等待灌油的车辆数量、油名、去向等。

(3) 公路调拨油料名称、数量等。

4. 水路调度的必备资料

(1) 熟悉油库各泊位的结构、水深、收发油品名称、可泊吨位，以及泊位与船长的关系。

(2) 了解用户油轮到达的时间、提油名称和数量。油库应经常主动向用户了解下次来库提油的时间、油名和数量，以便提前做好准备。

(3) 提前了解送货油轮到库的时间、油名及数量、油轮的吨位及长度。

三、调度的方法程序

1. 水路调度方法

水路调度的任务就是合理安排油轮的靠泊时间和泊位，合理安排进油或发油的油罐号以及各油罐的收发油数量。

为顺利、安全、高效地完成油品收发任务，调度过程中应注意以下几点：

（1）尽量缩短油轮在库时间。若同时到库的油轮较多时，在码头允许并确保安全的前提下，将来库油轮分散到几个码头同时进行收油或发油，避免多艘油轮长时间占用某一个码头影响其他油品的收发。

（2）收油和发油同时兼顾。安排收油或发油的油罐时，既要考虑来油能否装下，或发出的油品数量够不够，还要考虑该罐的条件，对收进来的油以后往外发放时是否方便。当然首先应考虑来油能否收下，在客观条件许可时，再考虑以后发油是否方便。

（3）提前有所准备，不打无准备之仗。当了解到请油计划的来油数量大于油库的空容量时，调度员应提前做好准备，主动与用油大客户联系来库提油，准备好足够的空容量。当来油品种与现有油库空容量的油罐所储油品不合适时，也应提前做好倒罐。当码头吨位或因受潮汐影响，送货油轮不能靠泊时，应先过泊一部分，以便顺利到达码头卸油，过泊过程应特别注意安全，一定要做好等电位连接，所有这些准备工作均应提前做好。

2. 铁路调度工作程序

（1）主动与车站联系，了解发车情况和油库业务部门的请车计划，可大致预计本班的装车任务。

（2）联系调整计划。若了解到铁路去向与业务部门的请车计划不一致时，应及时与业务部门联系，要求调整计划。

（3）安排调车时间与要求。调度员应将铁路专用线上的作业情况通知铁路车站，提出调车要求。车站根据机车运行情况确定具体调车时间和调车顺序。调车时间确定后，应及时通知作业班长。

（4）通知门卫。调车时间和调车计划确定后，通知班长，调度员确认铁路专用线大门可以打开时通知门卫开门。尤其在晚上调度员必须亲自到铁路专用线和栈桥上及作业现场检查，一切均完成收场结束后，方可通知门卫开门，切忌大意。

（5）登记车号。油车调至指定位置后，调度员必须亲自到现场认真登记车号、车型、容积号，并核对无误。

（6）安排装油品种、车数和去向。要求按业务部门的请车计划和油库的装卸能力，均衡合理地安排，做到既保证安全，又达到高效率。安排去向时，应将同一方向的车编排在一起。

（7）计算装油质量，填写发货单。应逐车计量，按规定方法进行计算。最易发生差错的是最后一辆车，当计量工从车上报告油高后，调度应先核对车型，填单时，切忌将数量填错。

（8）与铁路交接。交接时应认真对单据、数量、品名、牌号以及要求加盖的印章等逐一核对。

第二章 通用安全要求

第一节 有关生产禁令

一、中国石油天然气集团公司“六条禁令”

1. 内容

（1）严禁特种作业无有效操作证人员上岗操作；

（2）严禁违反操作规程操作；

（3）严禁无票证从事危险作业；

（4）严禁脱岗、睡岗和酒后上岗；,

（5）严禁违反规定运输民爆物品、放射源和危险化学品；

（6）严禁违章指挥、强令他人违章作业；

员工违反上述禁令，给予行政处分；造成事故的，解除劳动合同。

2. 解释

（1）本禁令第一条：当无有效特种作业操作证的人员上岗作业时，处理的责任主体是岗位员工。安排无有效特种作业操作证人员上岗作业的责任人的处理按第六条执行。特种作业范围，按照国家有关规定包括电工作业、金属焊接切割作业、锅炉作业、压力容器作业、压力管道作业、电梯作业、起重机械作业、场(厂)内机动车辆作业、制冷作业、爆破作业及井控作业、海上作业、放射性作业、危险化学品作业等。

（2）本禁令中的行政处分是指根据情节轻重，对违反禁令的责任人给予警告、记过、记大过、降级、撤职等处分。

（3）本禁令中的危险作业是指高处作业、用火作业、动土作业、临时用电作业、进入有限空间作业等。

（4）本禁令中的事故是指一般生产安全事故A级及以上。

（5）本禁令是针对严重违章的处罚。凡不在本禁令规定范围内的违章行为的处罚，仍按原规定执行。

（6）国家法律法规有新的规定时，按照国家法律法规执行。

二、中国石油化工集团公司的“人身安全十大禁令”

1. 内容

（1）安全教育和岗位技术考核不合格者，严禁独立顶岗操作。

（2）不按规定着装或班前饮酒者，严禁进入生产岗位和施工现场。

（3）不戴好安全帽者，严禁进入生产装置和检修、施工现场。

（4）未办理安全作业票及不系安全带者，严禁高处作业。

（5）未办理安全作业票者，严禁进入塔、容器、罐、油舱、反应器、下水井、电缆沟等有毒、有害、缺氧场所作业。

（6）未办理维修工作业票者，严禁拆卸停用的与系统联通的管道、机泵等设备。

（7）未办理电气作业“三票”者，严禁电气施工作业。

（8）未办理施工破土作业票者，严禁破土施工。

（9）机动设备或受压容器的安全附件、防护装置不齐全好用，严禁启动使用。

（10）机动设备的转部件，在运转中严禁擦洗或拆卸。

2. 违反禁令的责任追究

（1）严禁在禁烟区域内吸烟、在岗饮酒，违者予以开除并解除劳动合同。

（2）严禁高处作业不系安全带，违者予以开除并解除劳动合同。

（3）严禁水上作业不按规定穿戴救生衣，违者予以开除并解除劳动合同。

（4）严禁无操作票从事电气、起重、电气焊作业，违者予以开除并解除劳动合同。

（5）严禁工作中无证或酒后驾驶机动车，违者予以开除并解除劳动合同。

（6）严禁未经审批擅自决定钻开高含硫化氢油气层，或进行试气作业，违者对直接负责人予以开除并解除劳动合同。

(7) 严禁违反操作规程进行用火、进入受限空间、临时用电作业，违者予以行政处分并离岗培训，造成后果的，予以开除并解除劳动合同。

(8) 严禁放射源、火工器材、井控坐岗的监护人擅离岗位，违者予以行政处分并离岗培训，造成后果的，予以开除并解除劳动合同。

(9) 严禁危险化学品装卸人员擅离岗位，违者予以行政处分并离岗培训；造成后果的，予以开除并解除劳动合同。

(10) 严禁钻井、测录井、井下作业违反井控安全操作规程，违者予以行政处分并离岗培训，造成后果的，予以开除并解除劳动合同。

员工违反上述禁令，造成严重后果的，对所在单位直接负责人、主要负责人给予警告直至撤职处分；对违章指挥、违规指使员工违反上述禁令，导致发生上报集团公司重大事故的，按照《中国石油化工集团公司安全生产重大事故行政责任追究规定(试行)》对企业有关领导予以责任追究。

第二节　油品装卸司泵安全要求

一、员工的基本安全要求

(1) 经过安全培训合格后，持证上岗。

(2) 正确穿戴、使用劳动防护用品，禁止佩戴首饰品作业。

(3) 严禁携带火种、非防爆通信工具和其他易燃易爆品进入作业现场。

(4) 禁止违章作业，拒绝违章指挥，对他人违章作业有义务劝阻和制止。

(5) 上班前和工作中禁止饮酒和使用任何影响精神状态的药品。

(6) 熟悉应急预案，正确使用应急设备。

(7) 参加岗位练兵、安全培训及其他各种安全活动。

(8) 作业中按规定进行岗位自查。

(9) 遵守劳动纪律，禁止脱岗、睡岗、串岗等。

(10) 发现事故苗头，正确处置，及时报告。

二、装卸油工

(1) 禁止给未熄火或未可靠接地的车辆装卸油。

（2）禁止给排气管阻火装置失效的车辆装卸油。

（3）禁止喷溅式灌装轻质油品。

（4）禁止以超过规定的初速度和最高流速装卸油。

（5）禁止使用无导静电线的胶管或导静电线导通不良的胶管装卸油。

（6）禁止为渗漏油槽车装卸油。

（7）禁止用油槽车自带泵向油罐直接装卸油。

（8）禁止在车辆进出的区域堆放物品。

（9）禁止碰撞或敲击装卸油设备。

（10）禁止在油槽车溜放措施不到位的情况下进行油品装卸作业。

（11）禁止在栈桥、专用线上堆放物品。

（12）禁止在装卸油区域周围有明散火花作业时进行油品装卸作业。

三、司泵工

（1）禁止不盘车启泵作业。

（2）禁止在设备技术状况有缺陷时作业。

（3）禁止在设备运转中擦拭设备。

（4）禁止在工艺设备出现渗漏时继续作业。

（5）禁止与卸油工、计量工信息联络不畅时作业。

（6）禁止交接班不清时上岗、离岗。

（7）禁止在泵房内跑动、嬉闹。

（8）禁止长发未盘在工作帽内作业。

（9）禁止将工具和物品放在机泵上。

（10）禁止在可燃气体浓度测试仪报警的情况下继续作业。

四、作业现场安全要求

（1）禁止用非防爆工具作业。

（2）禁止未消除人体静电进入爆炸危险区域。

（3）禁止不系安全带、不戴安全帽进行高空作业。

（4）禁止在作业现场检修车辆。

（5）禁止随意移动消防器材。

(6) 禁止用铁器、塑料等器皿回收油品。

(7) 禁止用汽油擦洗衣服和设备。

(8) 禁止在爆炸危险场所使用化纤拖把和抹布。

(9) 禁止在暴风雷雨天气进行油品装卸、输转及计量作业。

(10) 禁止无关车辆及人员进入作业现场。

(11) 禁止在爆炸危险区域穿、脱、拍、打衣服和梳理头发。

(12) 禁止占用消防通道。

(13) 禁止非岗位人员操作设备。

(14) 禁止车辆超速出入装卸油场地。

(15) 禁止在未通风的环境下进行油品化验作业。

第三节 设备、设施安全要求

一、基本安全要求

(1) 防雷防静电、电气保护、安全防护装置完好有效。

(2) 爆炸危险区域电气设备符合防爆要求。

(3) 设备、设施密封良好，无腐蚀、无渗漏。

二、装卸油设备

(1) 鹤管转动、升降灵活。

(2) 法兰导静电线跨接完好有效。

(3) 流量计转动灵活、平稳，无异常杂音。

(4) 防溢油装置完好有效。

(5) 栈桥(站台)护拦、踏梯、过桥完整牢固，无铁器碰撞。

(6) 阀门开关灵活，无闸板脱落现象。

(7) 过滤器定期清洗，无渗漏、无杂物。

三、油罐

(1) 基础无开裂或不正常下沉。

(2) 液位计量装置完好。

(3）盘梯、护栏、平台完整牢固，无油污、冰雪等。

(4）呼吸阀、安全阀等工作正常。

(5）罐体及附件无跑冒滴漏现象，无严重锈蚀，无明显变形。

(6）浮顶罐浮盘升降灵活。

(7）量油孔密封垫、导尺槽、锁闭装置、法兰跨接完好无损。

(8）储存油品禁止超过高、低安全液位。

(9）胀油管开关正确，标志明显。

(10）防火堤完好，无孔洞；排水设施畅通完好；水封井、排污管线等控制阀门平时处于关闭状态。

四、油槽车(船)

(1）罐体无变形，无渗漏。

(2）人孔完好，螺栓齐全。

(3）安全阀外观良好，工作正常。

(4）踏梯、走板、护栏等完好牢固。

(5）制动装置完好有效。

(6）汽车排气管、阻火装置完好有效。

(7）阀门开关灵活，无渗漏。

五、计量(化验)器具

(1）量油尺(测深钢卷尺)尺带边缘无锋口、倒刺；尺架、手柄安装牢固，尺带和尺砣连接无松动。

(2）温度计(全浸式水银温度计)不得有裂痕和影响强度的缺陷。

(3）密度计无裂痕；标尺纸牢固地贴于管内壁；金属弹丸不得有明显移动。

(4）采样器、保温盒无渗漏；绳索采用专用计量绳，并与采样器、保温盒连接牢固。

(5）化验仪器符合国家相关标准要求，定期检定；堆放上轻下重，分类配套，标记清楚，取用方便。

六、机泵

(1）泵与电动机联轴器无错位，防护罩完好。

（2）泵壳体完好，无裂纹、无渗漏。

（3）泵轴润滑油(脂)无变质。

（4）压力表、真空表齐全，指示准确，定期校验。

（5）泵、电动机接地线无折断，无锈蚀，无松动。

（6）电动机电缆进线口密封可靠，防爆挠管连接无松动、无断裂。

第四节　油品作业的安全措施

一、铁路机车进入油料作业区的防火措施

铁路机车进入油料作业区时，应符合下列规定：

（1）蒸汽机车戴好烟筒帽，关闭灰箱挡板，禁止清炉；内燃机车，带好火星灭火器。

（2）按规定加挂隔离车，禁止越过停车标志停车。

（3）禁止溜放车。

（4）送车停稳后，要采取固定措施。

（5）在装卸车台，取送油罐车的运行速度每小时不得超过五公里；接近被挂车时，不超过三公里。

（6）未见到行进信号，禁止取运油罐车。

（7）禁止用明火作信号灯。

（8）严禁在消防通道、横路口停留车辆。

二、铁路油罐车装卸油作业的防火措施

作业区都不可避免地存在大量的油蒸气，构成了火灾、爆炸的危险因素，所以应特别注意。

（1）装卸轻质油料的作业现场，要指派专职消防人员携带必需的消防器材到场值班。收发大批油料时，消防车要到现场，并做好灭火准备。装卸油栈桥附近应配备必要的消防器材和灭火工具。

在油罐车罐口附近应备有石棉被毯，以备灭火。

（2）为防止静电着火，所有油罐、油泵、管线、装卸鹤管、铁路等必须设

有良好的排除静电接地装置，静电接地电阻不得超过100Ω。

(3) 有下部卸油装置的罐车(特别是轻油罐车)灌装油料前，要认真检查下部卸油阀等部位，有无故障、松动，关闭是否严密，发现问题应及时处理。装油后若发现漏油，无法自行处理时，要卸出已装油料，请铁路部门调换车辆，以防止由于漏油而引起火灾。

(4) 油料收发，应有专人观察油罐车装油容器的液面和开闭阀门，并注意协同。开始灌油的第一分钟和向油罐车装油到四分之三容积以后应减慢灌油速度。

(5) 鹤管或胶管必须放至距油罐车底部20~30cm处，禁止高悬，防止飞溅装油。油料流速，轻油必须控制在4m/s以下，黏油限制在1.5~2.0m/s。

(6) 发出油罐车时，油料装载高度应根据沿途最高气温而定，既要装满，保证多运，节约容器，又不至于因气温升高，油料体积膨胀造成溢油或爆裂。

(7) 装卸油后，必须擦拭干净溅洒到车体各处的油料，装卸油料的车体必须保持完好，不渗、不漏，以免在火车刹车、"研轴"或遇到外来飞火时引燃。

(8) 油罐车严格禁止敞盖作业，开罐盖时使用铁制工具，应小心谨慎以防碰击发生火花。严禁穿外露钉子的鞋攀登油罐或在栈桥上走动。

(9) 油料加温，应有专人监视油温与油面，以免油温过高或加温器露出油面。通常加温的温度不宜超过90℃，并应比所灌油品的闪点低20℃。

(10) 输油管线，应组织巡线。巡线人员一定要沿线路走，并认真检查管线有无变形、损坏、漏油，发现问题应及时报告处理。操作人员要严格遵守各项设备的操作规程，不得违章作业；严禁设备带故障超负荷工作；运行中禁止检修设备。容器、管线和机泵要保持严密不漏，对泵站泼洒的油料要及时清除，泵站附近不得存放危险品、爆炸品和易燃物资。严禁在有油气的现场抽烟或明火作业。

(11) 使用移动锅炉对油罐车中的黏油进行加温时，其防火安全距离不得小于20m。移动锅炉与轻质油料的储、输油及收发设备的防火安全距离不得小于30m，与其他建筑物距离不得小于15m。其位置应设在侧风方向。

(12) 各种容器在收发作业中，严禁用金属尺测量，作业完毕后，待油面平稳并超过标准所规定的静置时间以后，方可测量。所有测深锤、采样器、装卸油鹤管的管头等均应用有色金属制造，在有油气的场所作业，禁止使用钢丝刷、铁铲和其他铁质工具，如必须用时，应涂滑油(脂)或浇水，以防产生火花。

(13) 进入作业站台的电瓶车、铲车、油桶搬运车必须有防止打出火花的安全装置；进入库区的汽车、拖拉机，必须戴防火罩，到指定地点后，立即熄火，并严禁在禁区内维修车辆。

(14) 油泵禁止空转，以防引起泵壳变热，引燃油蒸气。盘根不能安装过紧，以免油泵运转时盘根过热冒烟。输转易燃油料泵机组的电机，其防爆等级符合防爆要求，其他电气设备必须符合防爆要求，油泵运转中，不准修理电机和其他电器设备。

(15) 定期清洗过滤器，使用铁制工具必须小心谨慎，不得敲击，以免产生火花。

(16) 泵房不准存放易燃、可燃物资。通风气窗须安防火纱窗，防止飞火进入。站台临时用电动泵收发作业，使用的电机、电缆线和其他电气设备必须符合防爆等级的要求，并接好静电接地装置，与储油容器的距离不小于10m。

(17) 雷雨天禁止装卸易燃油料，并切断电源，不得测量及采样。并且不准将已腾空的半地下、地面高架油罐敞口自然通风；各种油罐的油气管阀门，雷雨时不得开启，防止受雷击。

三、油品码头装卸油作业的防火措施

油船在进行油品装卸作业时，油船上存在着大量易燃、易爆的油蒸气。它比空气重，容易积聚在低洼处及油管弯头部位和油轮底部，油船在装油开始、卸油以后和空舱压载三个阶段，火灾爆炸危险性最大，必须特别注意。这是因为：装油开始阶段，油轮内存在着油蒸气与空气混合的爆炸物。在卸油时，随着油品的排出，舱内空间增大，舱外空气就乘虚而入，与油蒸气形成爆炸性混合物。在空舱时，舱内的爆炸性气体更多，比满舱时还要危险。在压载过程中，舱内的油蒸气处于过浓和过稀之间，而排气口的气体浓度则一直处于爆炸极限范围以内，一旦遇到火种就会发生爆炸。

油船收发作业应采取以下防火措施：

(1) 作业前，船方应和供油或收油单位共同研究有关作业程序、联系信号和安全措施等；接输油管时，应先接地线，后接输油管，认真检查即将使用的管道、阀门、油泵设备、工具等，确认处于完好技术状态。应使用合理的过滤器，一般油品只能使用粗孔过滤器，因其在管道中产生的静电较少，若使用精密过滤器，则必须采取相应的消除静电措施。

(2) 开始卸油阶段，输油的速度应不大于1m/s，以后逐渐加快，但不得超过4m/s，以减少产生静电。装卸油时，接、拆管道应使用不发生火花的工具，操作要轻，严禁敲铲除锈。

(3) 油轮和油品作业区，严禁吸烟和动火，穿有铁钉鞋和化纤服装都不得接触油品，工作人员进入易燃易爆危险区时，先要消除身上的静电，并穿导电鞋、防静电服。

(4) 油轮对气密性要求高，油轮、油管各部位不得渗漏，舱盖填料要好，舱盖不宜多开，每次打开舱盖时，应予调换。一般每隔六个月将填料翻转使用，保持湿润，维护填料的弹性。观察孔口，应设有阻火的铜丝网。

(5) 良好的接地和跨接，舱面油管法兰、接口处，应加铜片搭接。接地电缆的截面积不得小于16mm^2，采用内壁衬有铜丝网或在软管外加金属屏蔽层并接地。禁止用水冲洗刚拆下的油管和甲板上的残油，以防产生静电火花。

(6) 值班人员要严守岗位，勤测油面高度，正确掌握装卸速度，并检查通海阀四周水面有无油花，如有异状，立即停止作业，查明原因，并采取有效措施。

(7) 装油时，各油舱应留适当的舱内空档，以防溢油；换舱装油前，先开好下一个空舱阀门，然后再关闭即将满舱的阀门；装油至最后一舱，满舱前应留有适当舱容空档和适当时间，以备联系油港(厂)停泵；停止作业时，必须关紧进出口阀门和油舱阀门，防止倒压引起溢油。

(8) 装卸油结束后，要正确操作扫线、顶水，管线要扫清顶净。顶水时密切与油港(厂)联系，防止油管内残油倒流污染水域，擦净现场油污。

(9) 装卸甲、乙类油品时，必须通过密封管道进行，严禁灌舱进行作业；甲类油品的油船，当气温超过28℃时，应当洒水降温：严禁蒸汽机船和与油船工作无关的船舶系靠；系靠船舶应遵守所在港口的规定，烟囱不得冒火星，也不准有任何明火；遇到雷电当空或烟囱冒火时，要立即停止作业，关阀封舱。

(10) 检尺、测量和采样，必须在油船经过充分的静置时间之后方可进行。

(11) 机舱、炉舱、泵舱要做到，杜绝任何油品与高温管道、电缆接触；严防油品漏在内燃机排气管上；装燃油时，阀门及透气管附近不得开动马达和放置容易发生火花的设备；泵舱要保持清洁和良好通风；防止内燃机在运转中高压油管、接头、油泵等漏油；内燃机的排气道，锅炉烟道应定期清洁除灰，防止冒火星，泵舱的通风管应装铜质防火网。

(12) 洗舱作业，对油船是一件大事，必须认真对待，履行手续，遵章办事，油船洗舱时，一要接地，二要控制水压。洗舱机应是铜质结构，水温 70～90℃，水压宜在 0.5～0.6MPa。

四、汽车油罐车装卸油作业的防火措施

(1) 汽车灌装油站建筑及地面应为不燃材料和用撞击不产生火花的材料铺设，进出汽车的道路，宜分开设置，并应有回车场。

(2) 装油站室内应有良好的通风，装油的一切金属设备应有静电接地装置，照明设备应用防爆型灯具。

(3) 汽车油罐车进入装油站台时，必须缓慢行驶，汽车与汽车之间必须保持一定的安全距离，排气管上必须装设火花灭火器。

(4) 装油时，汽车应停车熄火，接好接地线，非油库工作人员不得下车随意走动，更不准在作业现场检修车辆。

(5) 要认真检查下部卸油装置有无松动，阀门是否严密，发现问题应及时处理，并应控制流速。严禁敞盖作业。

(6) 目前灌装汽、煤、柴油汽车油罐车的灌油鹤管的注油管，大多数没有插到油罐底部，灌油时，除使油品在车内严重喷溅、增加挥发损耗、污染大气外，还会产生大量静电，容易发生爆炸火灾事故，应采用可插到底部的装油鹤管。

(7) 在汽车油罐车进站卸油时，其他车辆不准进入，卸油时应停止发动机运转。遇雷雨天时应停止卸油。

五、油库业务作业防静危害的一般措施

控制静电的产生主要是控制工艺过程和控制工艺过程中所有材料的选择；控制静电的积聚主要是设法加速静电的泄漏和中和，使静电不超过安全限度，如接地、加入防静电添加剂等均属于加速静电泄漏的方法，而运用静电消除器消除静电危害的方法，属于加速静电中和的方法。

减少产生静电的主要措施，简要地说有以下几个方面：

1. 控制流速

已知油品在管道中流动所产生的流动电流和电荷密度的饱和值，与油品流速的二次方成正比，可见控制流速是减少静电产生的一种有效方法。当油品处于层流时，产生的静电量只与流速成正比，且与管道的内径无关；当油品处于紊流时，产生的静电量与流速的1.75次方成正比，且与管道内径的0.75次方成正比。

可燃和易燃油品的电阻率各不相同，而其允许流速与电阻率有十分密切的关系。因此，有的国家根据油品的电阻率限制允许流速，其推荐值如下：

电阻率$\rho \leqslant 10^5 \Omega \cdot m$时，允许流速≤10m/s；

电阻率$10^5 \leqslant \rho \leqslant 10^9 \Omega \cdot m$时，允许流速≤5m/s；

电阻率$\rho \leqslant 10^9 \Omega \cdot m$时，允许流速<1.2m/s。

总之，在确定流速时，不仅要考虑管道的直径，还要考虑油品的性质、所含杂质的数量和成分、管道的材质等各种因素的影响。

在管道中流动的易燃、可燃油品，即使有较高的平均电荷密度，但往往由于管道内有较大电容，并不显示出较高的静电电压，且管道中又无空气，所以不会引起燃烧爆炸。但其严重的危害主要在于管道出口处。如我国对油罐车装油试验表明，平均流速2.6m/s时，测得油面电位为2300V；当平均流速为1.7m/s时，油面电位为580V。由此可见控制流速是减少静电产生的有效措施。

我国《石油库设计规范》中规定：灌装200L油桶的时间应符合下列规定：

（1）甲、乙、丙A类油品宜为1min；

（2）润滑油宜为3min；

（3）灌油枪出口流速不得大于4.5m/s。

2. 控制加油方式

油罐从顶部喷溅装油时，油品必然要冲击油罐壁，搅动罐内油品，使其静电量急剧增加。如某厂对 $500m^3$ 油罐作了如下试验：将柴油以 2. 6m/s 的流速从顶部喷射，经 5min，罐内油面电位从 190V 上升至 7000V。若改用从罐底装油(流速相同)，油面电位从 6000V 下降至 3300V。试验表明，从顶部喷溅装油产生的静电量与底部进油产生的静电量之比为 2∶1。另外，顶部装油还会使油面局部电荷较为集中，容易发生静电放电。

3. 防止不同油品相混或油品含水和含空气

不同油品混合或油品中含有水和空气时，都会使静电量增加，这是由于不同油品之间及油品和水(或空气)之间相互摩擦而产生的。实验证明，油品中含 5% 的水，会使起电效应增大 10 ~50 倍。

4. 经过过滤器时，留有足够的漏电时间

六、装油作业防静电危害的措施

1. 油罐车装油作业时，将鹤管伸到接近油罐车底部

这样做可以收到以下几方面效果：

（1）减少油品喷溅、起泡沫，避免新电荷产生；

（2）减少油品雾化、蒸发，可避免油品在到达闪点温度时被点燃；

（3）避免油流流经电容最小的油罐中部，不致于产生较大的油面电位；

（4）可避免在局部范围内因油柱集中下落形成较高的油面电荷密度；

（5）在装油后期，油面电位达到最大值时，油面上部没有接地的突出金属，可以避免局部电场增加，不致产生火花放电。

2. 采用以下几种改形鹤管头，可以大大减少油罐车装油作业时产生的静电

为了减轻从油罐车顶部的鹤管灌油时的喷溅，减少灌油时产生的静电，人们经过试验，改变鹤管头的形状能收到一定的效果。45°斜口形灌油鹤管头尽管在实验室内小管径试验较好，然而在现场试验表明其并不比圆筒的管头优越；锥形灌油鹤管头形成的静电电位也和圆筒形管头一样，并产生很大的油雾；T 形管头实际上把注入的油流分成两路下落，可避免增大局部电场强度，从以往做过的多次试验及现场测试表明，带 T 形头鹤管与不带 T 形头鹤管比较，显著

降低了油面电位。鹤管管头形式如图 2－1 所示。

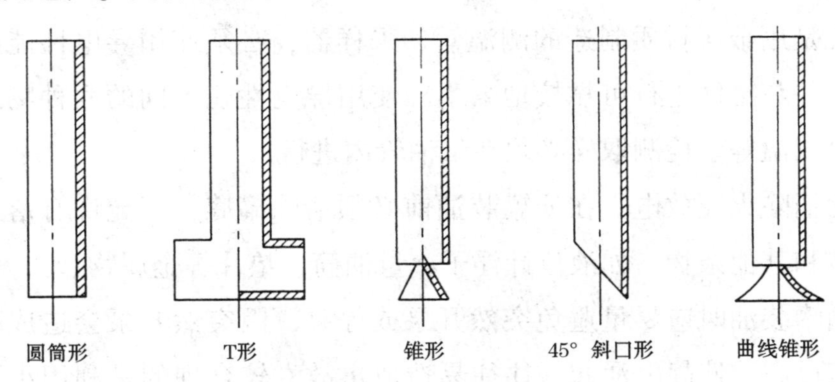

图 2－1　鹤管注油管头示意图

3. 油罐装油作业过程中，罐内油面静电电位

油罐在装油过程中的油面静电电位变化如图 2－2 所示，一般在装油至 1/2 ~ 3/4 油罐高度时，产生的静电最大。油品装油结束后，静电电位逐渐下降，但在延迟时间内，油面电位还会发生变化(延迟时间是指装油结束时刻到最大电位出现时刻的时间)。图 2－3 是油罐装油到油罐容积 90% 时停止作业后实测的电位变化曲线，延迟时间为 23. 6s，78s 后电位才显著下降，可见在停止装油后，油面存在一个最大静电电位。

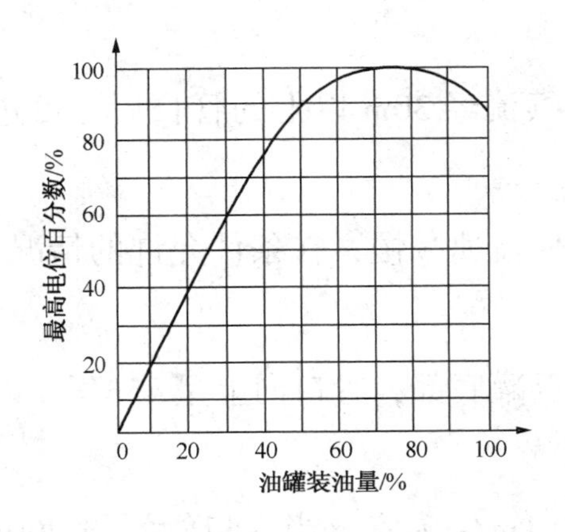

图 2－2　装油过程中油面静电电位代表性曲线

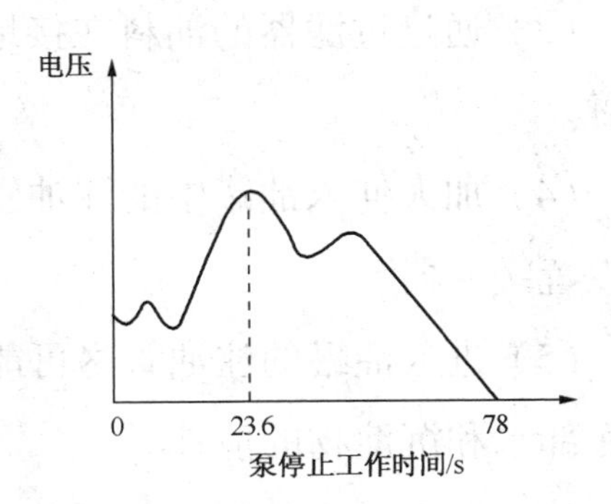

图 2－3　油罐停止进油后油面电位变化曲线

4. 为减少油罐静电危害，对作业条件的限制

(1) 为了避开油面最大静电电位，防止静电事故的发生，对刚装油和运输后的油槽车、油桶等，必须静置一段时间后，才可进行检测作业，以保证油罐

内静电荷能大部分泄漏掉。

（2）凡是用金属材质制造的测温盒、采样器，必须使用导电性能好的材质作其绳索，并与罐体进行可靠接地，不准使用导电性能不同的两种物质的工具进行检尺、测温等。检测取样必须在量油管内进行。

（3）为消除火花放电，在油罐装油前必须清除罐底，不允许有落入油罐内的浮游导体和其他杂物，如液位计浮子、量油筒、垫片等金属物。

（4）油罐装油时应尽量避免突然开泵或停泵，因突然开泵会造成瞬间冲击压力和流速过高，使静电涌起，往往易造成事故，较合理的是利用小泵→大泵开启，而后用大泵→小泵停止的操作顺序，起到很好的防护作用。所谓小泵→大泵，实际操作中是开泵时，泵的排出阀基本关闭，启动运转后，将排出阀慢慢打开，直至全开。停泵时反方向操作。

（5）当采用顶部装油方式时，必须将进油管插到油罐底部。以防喷溅。

（6）顶部装油时，进油管管头可改变其形状，以减少静电的产生。

（7）确保油罐良好的接地，并使油罐与金属管道连接。

七、油罐装油作业防静电危害的措施

（1）收油前，应尽可能地把油罐底部的水和杂质除净。

（2）严禁从油罐上部注入轻质油料。

（3）通过过滤器的油料在接地管道中继续流经 30m 以上的管长后方可进入油罐。

（4）加大伸入油罐中的注油管口径，以使流速减慢，在条件允许的情况下，可设置缓冲器。

（5）进入油罐的注油管尽可能地水平接近罐底部，管口向上呈45°角，以减少底部水和沉淀物的搅拌。

（6）在空罐进油时，初始流速以不大于 1m/s 为宜，当入口管浸没 200mm 后可逐步提高流速，但最高流速应符合 $V \leq \sqrt{\frac{0.8}{D}}$ 的关系。

（7）收油时，罐顶除留有定时观察油面高度的人员外，其他人员应尽量避免在罐顶活动。

(8) 检尺、测温和采样作业，必须待罐内油料充分静置后，方可进行，且检尺、测温、采样的工具必须作可靠的静电接地。严禁在进油时进行检尺、测温和采样作业。

(9) 作业人员应穿戴防静电衣、鞋、手套。

八、油品灌桶时防静电危害的措施

(1) 严格控制灌桶时的油品流速，灌装200L油桶的时间应符合下列规定：

① 甲、乙、丙A类油品宜为1min。

② 润滑油宜为3min。

③ 灌油枪出口流速不得大于4.5m/s。

(2) 油桶应可靠接地，不得使油桶与大地绝缘。

(3) 灌桶人员应穿戴防静电服、手套、鞋。

(4) 灌桶时不得用丝绸和化纤类抹布擦拭油桶。

(5) 不得用汽油、易挥发性溶剂擦洗油桶、设备、工具和衣物。因为擦洗设备、衣物、工具及地面过程中可能会产生大量的静电，遇到汽油及易挥发性溶剂挥发出来的易燃易爆蒸气，极易引起燃烧爆炸，造成人身伤害及财产损失。这种事故已多次发生，所以应严禁使用汽油、易挥发性溶剂擦洗设备、衣物、工具及地面。

九、油罐车和油船防静电危害的措施

1. 铁路油罐车防止静电事故，应采取下列措施

(1) 跨接和接地

显然，铁路油罐车通过钢轨的对地电阻较低，足以防止罐车外壁的静电积聚，无须将罐车或钢轨与接地输油管跨接。但是，钢轨还有可能带有杂散电流，并引入油库装卸油作业区，所以，还必须做到钢轨叉道的绝缘和钢轨接地，铁路栈桥应与钢轨绝缘。装油鹤管、油罐车、钢轨应保持等电位，因此，装油鹤管与钢轨应跨接。

(2) 往铁路油罐车装油时，应将装油鹤管插至油罐车底部，切不可从油罐车顶部往下喷溅。同时，装油速度不可太快，应使油品在管中的流速控制在安全流速范围之内。

（3）卸油时，由于油罐车在运输过程中会产生大量的静电荷，因此，油罐车推到专用铁路作业线后，必须让油罐车停留静置一段时间，超过规定的静电泄漏时间，待静电大部分泄漏后，再进行检测、取样、卸油作业。

（4）上栈桥、油罐车的作业人员必须穿戴防静电衣帽、鞋、袜，携带使用防静电工具。进入前应将人体静电消除。

（5）使用绝缘器材前，如卸底油胶管，应先接好移动式静电连接线，确保其与油罐车、鹤管等设备是等电位。

2. 汽车油罐车防静电危害的措施

（1）装卸油之前，必须将车体进行可靠接地。

（2）加油鹤管必须做可靠的静电接地，并且与汽车油罐车的静电接地相连接在同一静电接地体上。

（3）灌装时加油鹤管必须插入罐底，距离罐底不大于100mm为宜，其出口宜制成45°斜面切口。

（4）灌装时油品流速不宜大于4.5m/s。

（5）加油完毕后，必须经过规定的静置时间才能提升鹤管，拆除接地线。

（6）改装不同品种油品时，特别是装有汽油的罐车改装煤油、重柴油时，必须放尽底油并清洗或用惰性气体吹扫，在确认无爆炸性混合气体后，才能进行装油作业。

3. 油船防静电危害的措施

（1）限制流速。在装卸油品初始阶段，由于管内多少总有存水，故应低速进行，一般不应超过1m/s。

（2）合理使用过滤器。一般油料只能使用粗孔的过滤器，管线产生的静电较小。若使用精密过滤器时，则必须采取相应的消静电措施。

（3）防止气体和水的混入。当用空气或惰性气体将管线内、软管内及输油金属管内残油驱向油舱内时，应注意不要将空气或惰性气体进入油舱。另外，油船上应有防雨水侵入设施，以防止水分混入油中。

（4）注意加油方式。禁止通过外部软管从舱口直接灌装挥发性油料以及超过其闪点温度作业的其他油料，这种灌装方式只限于高闪点油料。

（5）油船上禁止使用化纤碎布和丝绸去擦抹油船舱内部，并要合理使用尼龙绳索。

（6）良好的接地。在有可燃性油气混合物的场所，为防止金属之间或金属面与地面之间发生火花，这些金属部件均须良好接地。

（7）防止人体带电。在油船上工作的人员，必须避免穿化纤衣服，并要穿防静电鞋，有条件最好穿防静电服。

（8）检尺、测量和采样，必须使油船经过充分的静置时间之后，方可进行。

十、油库其他作业防静电危害的措施

1. 检尺、测温和采样防静电危害的措施

（1）轻质油品进入油罐（油桶）后，必须经过一定的静置时间以后，方可进行检尺、测温和采样。其静置时间如表2－1所列。

表2－1　油品在油罐中的静置时间

容器		静置时间及操作内容			
油罐	容积/m^3	<10	11～50	51～5000	>5000
	静置时间/min	3	5	15	30
铁路油罐车		2min后才检尺、测温、取样			
汽车油罐车		加油后静置2min才能提升装油鹤管、测量等			

注：引自GB 13348石油产品静电安全规程。

储油容器在装油过程中产生有大量的静电，为使罐内油品所带静电荷能大部分泄漏掉，以保证安全，各国都根据安全标准对储油容器装油后，规定了一个油品静置时间，只允许在静置时间之后，才可对储油容器进行检测、取样。有的国家规定按装油深度确定安全作业时间为每米油高1小时，有的规定不管容器大小，必须在进油停止两小时后才可进行。我国是按照油品电导率和容器容积规定的。

（2）测温盒和采样器严禁选用绝缘绳套，应选用防静电测量绳或有色金属编织绳，使用时绳套末端应与罐体作可靠接地。

（3）储罐测量口必须装有铜（铝）测量护板，钢卷尺、测量盒绳、采样器绳进入油罐时，必须紧贴护板下落和上提。

（4）检尺、测量、采样时不得猛拉猛提，上提速度不大于0.5m/s，下落速

度不大于1m/s。

（5）严禁在测量口附近用化纤布擦拭检测口、测温盒和采样器。

2. 储油容器清洗作业防静电危害的措施

（1）油罐或油桶改装不同油品前，必须进行清洗。油罐或油桶不清洗就改装其他油品，不仅影响油品质量、影响用油车辆机械的寿命，而且更为严重的是由于油品不同，在灌装过程中增加了所产生的静电荷，增加了静电火灾的危险性。

（2）清洗盛装易燃、可燃液体设备、器具的“六不准”规定：

① 不准使用汽油、苯类等易燃溶剂进行设备器具的清洗。

② 使用液体喷洗盛装易燃、可燃液体设备时，压力不准大于0.98MPa。

③ 不准使用压缩空气进行甲、乙类易燃、可燃液体管道的清扫。

④ 采样器的清洗，必须用所要采样的同类油品进行清洗，清洗用过的和剩余的样品不准倒回罐内。

⑤ 在易燃易爆场所，不准使用化纤材质制作的拖布、抹布擦拭物体和地面。

⑥ 不准在一个容器内同时采用人工和机械两种方法清洗。

3. 确保油品纯洁防止静电危害的措施

防止不同油品相混和防止油品中含水和空气，不仅是为了防止油品混入水分、空气等杂质以及相混使油品质量下降，遭受经济损失，还因为不同油品混合或油中含有水和空气时，都会使静电量增加，这是由于不同油品之间以及油品及水(或空气)之间相互摩擦而产生的。实验证明，油中含水5%，会使起电效应增大10～50倍。利用压缩空气进行油品通风调合是十分危险的。某厂一个5000m^3油罐，罐内先已装有喷气燃料，然后装柴油并用压缩空气调合，在1min后便发生了爆炸。

另一类危险的混油现象是向有汽油或其他轻油底的容器中注入重油，由此引起事故，这在油库及炼油厂都有发生。事故的原因除去混油可能增加带电能力外，还因为柴油、燃料油等都属于低蒸气压油品，其闪点都在38℃以上，在正常情况下，它们在低于其闪点温度下输送不会有火灾危险。但是如果将这种油品注入装有低闪点油品的容器内，重质油就会吸收轻质油的蒸气而减少了容器内气体空间混合气体中油蒸气的浓度，使得未充满液体的空间由原来充满轻质油气体(即超过爆炸上限)转变成合乎爆炸浓度的油蒸气和空气的混合气体，这时出现火源即可引爆。所以为了安全和保证油品质量，必须防止不同油品相混合，在油罐(油罐车、油舱)换装油品时一定要进行清洗。

4. 防止静电危害的重点部位是储油容器

虽然油品同各类物体摩擦或接触都能产生静电，但油品油气混合物在密闭的管道内，不与空气接触，就不存在静电危害，而储油容器则不同。储油容器如油罐、油槽车、油桶内的静电主要来自两部分：一是油品输运过程中产生的静电，如油品同管道摩擦、泵、阀门及过滤器等部位都能产生大量的静电，流入储油容器内；二是油品进入容器后，在罐内产生静电，这部分静电量较少。容器在装油过程中的油面静电电位有时很高，且容器上部又是油气与空气的混合气体，当浓度处于爆炸极限范围内时，又恰好达到静电电位最小点燃能量，产生静电放电，引燃易燃气体爆炸混合物，从而发生爆炸火灾。

十一、加油站防静电危害的措施

(1) 地下卧式油罐应在首尾两端设两组静电接地装置，其电阻值不得大于10Ω(与防雷接地共用)。罐体与接地极之间的连接扁钢或导线，应采用螺栓连接，并做沥青等防腐处理。其他部位的静电接地装置的电阻不得大于100Ω。静电接地装置每年检测两次。

(2) 地下卧式油罐进油管应下伸至距油罐底15cm处，并在端部设弯头。严禁喷溅进油。

(3) 加油机、加油胶管上的消除静电连接线必须完好。

(4) 汽车油罐卸油前，卸油胶管应与油罐跨接并接地。

(5) 汽车油罐车到位后，应停留静置3min以上，方可接管加油。

十二、防止人体静电危害的措施

1. 导除人体所带静电，即人体接地

(1) 在储存轻质油品洞库门口、油泵房门口、半地下储油罐、覆土储油罐地下入口、地面储油罐旋梯的进口处等，应设专用的导静电手握体(或手柄)，并可靠接地。作业人员进入危险场所之前，应徒手或戴防静电手套触摸接地体，以导除人体所带静电荷。当环境相对湿度大于 80% 时，进入危险场所前可不触摸人体排静电接地体。

（2）在 1 级场所，不宜在地坪上涂刷绝缘油漆，严禁用橡胶板、塑料板、地毯等绝缘物质铺地。以便人员通过时不致升高人体带电电位。

2. 减少人体带电电量

（1）在 0 级、1 级场所及罐车、储罐上作业时，工作人员严禁穿泡沫塑料、塑料底鞋，应穿防静电鞋和防静电服，且贴身内衣不应穿着两件以上涤纶、腈纶、尼龙服装，不应穿尼龙袜等。以防人体对地绝缘，产生两带电体间的放电现象。

（2）在爆炸性危险场所，严禁穿脱任何服装，不得梳理头发、拍打衣服和互相打闹拥抱。以防增加人体带电量。

（3）在易燃易爆场所，人员不宜坐用人造革之类的高电阻材料制做的坐椅（凳）等。以防人体带电量的增加。

3. 人员应使用抗静电用品

（1）人体着装要求：人员在易燃易爆危险场所作业时，应着防静电工作服、鞋等，必要时可戴防静电腕带等。

防静电服装的质量、服饰、标志及检验，应符合 GB 12014 的规定。它们是由抗静电纤维织物、抗静电橡胶和抗静电塑料等材料制成。在罐车、储罐上测量和泵房收发作业时，必须穿着防静电服装。在全部储存喷气燃料、柴油洞库内作业时，或其环境温度不高于所输、储油品的闪点，或环境相对湿度保持在 70% 以上时，可不穿着防静电服装。

（2）使用工具要求。在爆炸危险场所，工作人员必须使用符合安全规定的防静电劳动保障用品的工具。

严禁使用汽油、煤油洗涤化纤衣物。

（3）工作地面导电化。

第三章　油品装卸工作业HSE管理

第一节　铁路装卸油作业

一、铁路装油作业

1. 主要风险

1）人员坠落

人员上下油罐车时，走路、踏步不稳或搭梯踏板光滑，脚穿工作鞋底光滑，使人摔倒，由高处坠落，或因搭梯踏板未放稳妥，或强度不够，使人坠落。

2）鹤管插不进去，无法装油

由于油槽车牵引时未对准货位，油槽车罐口与鹤管位置相差太大而造成。

3）油槽车发生溜车

即油槽车在轨道上往低处滑移。这种现象若不及时正确处置，很容易由于越滑速度越快，人力无法制动，若与其他车辆或人员等相撞或倾翻，其后果不堪设想。其原因基本都是由于防溜装置未安放好。

4）静电失火

由于工作人员未释放人体静电，或由于静电设施不合要求，接地电阻过大，积聚的静电荷未能及时有效地释放，达到静电放电条件而引发火灾；或罐内存有余油、杂物、静电积聚而引发火灾；或因喷溅式装油引起静电积聚而发生火灾。

5）引发火灾

由于活动踏梯与油槽车碰撞起火，或由于开盖扳手不防爆引发火灾；或因操作人员携带火种或非防爆物品坠落碰撞而引起火灾；或因雷雨天气发生雷击而起火。

6）跑油、冒油和混油

因鹤管排气阀未关闭，或因鹤管或管道、阀门泄漏；或因油槽车装油时监控不到位；或因流程弄错，开错阀门造成跑油、冒油、漏油事故。或鹤管余油未排净，往外滴油。跑冒油均可造成环境污染事故。

7）损坏设备

因鹤管阀门未开启，就启动油泵，造成管道压力过高而损坏设备；或因未及时切换发油油罐而造成抽瘪油罐等设备；或因鹤管未复位，铁路调车时拉断鹤管。

8）人身伤害

除人员可能由高处坠落外，作业过程中由于操作不当或个人行为不慎也有可能造成人身伤害。例如，机泵运转时，人员未按规定着装，可能将头发、衣服转进机泵中而受伤；或因移动牵引油槽车时撞挤到人；或不慎触电造成人员伤亡。

2. 控制风险的主要措施

1）防人员高处坠落

（1）作业人员必须穿防滑工作鞋。

（2）活动踏梯强度应符合要求，搭放应稳妥，应有防滑设施，冰冻雨雪天应有防滑措施。

（3）人员在油槽车上和上下油槽车应小心谨慎。

2）防鹤管插不进去

（1）调度油槽车时，值班人员应认真核对车位，使其位置对正后，再放火车机车离开。

（2）若火车机车已离开库区专用线，发现车位不正，应采用人工撬扛慢慢撬动位移，这时应注意防止挤到人，防止滑溜。

3）防溜车

油槽车对位后，必须在油槽车车辆下方与铁轨之间安放防溜装置，一般情况下，前后方向都应放置。

4）防静电火灾

（1）应按防静电危害的相关规章制度严格执行，所有防静电措施都应严格照章办理。

（2）将鹤管插入到油槽车底部，杜绝喷溅装油。

（3）严禁携带火种进入作业现场，严禁使用非防爆工具，轻放、稳固踏梯。

（4）进入作业现场，应按规定着装，并释放自身静电。

5）防火灾爆炸

（1）活动踏梯与油槽车接触部位应设防撞胶垫，防止产生火花；

（2）使用防爆工具，严禁携带火种进入作业场所。

（3）雷雨天气严禁装油作业。

（4）严格执行油库防火的所有规定。

（5）作业前应准备足够的消防器材、设备和措施。

6）防跑油、冒油、混油及污染事故

（1）正式装油前，应认真核对发油罐、管线、阀门、油泵等，流程是否正确无误；检查各设备是否完好无故障。检查确认油槽车内无余油、水和杂物。

（2）核对所有阀门是否开启和关闭鹤管排气阀，确认一切正确后，方可开泵发油。

（3）装油过程中应不间断地有人巡视，监控油槽车和油罐液位，及时切换油罐。一旦发现异常应立即停泵，暂停装油，查出原因，彻底排除后，方可再进行装油。

（4）排净鹤管内余油。

7）防设备损坏

（1）认真检查核对工艺流程是否正确；

（2）检查各设备是否正常，及时监控；

（3）及时切换发油罐；

（4）调车时应检查鹤管是否复位；

（5）装油结束后，应及时停泵。

8）防人身伤害

（1）作业时人员上下油槽车时、人员在油槽车上作业时，应小心谨慎，防摔倒、滑倒和坠落。

（2）油槽车移动时应检查有无人员处于危险环境；

（3）应认真检查电器是否完好，有无漏电，以防人员触电。

二、铁路卸油作业

1. 主要风险

1）油槽车溜滑

由于油槽车未安放好防溜装置，油槽车溜滑，造成翻车或撞击事故或跑油。

2）无法卸油

由于车位未对准，鹤管插不进油槽车无法卸油；或由于产生气阻断流，而无法卸油。气阻的原因可能是由于气温太高，或因泵吸入管道过长，直径过小，阻力过大；或油泵进口过滤器堵塞而造成。

3）着火爆炸

由于活动踏梯与油槽车碰撞产生火花，或因静电接地装置不完善、不完好，接地电阻过大；或因人体静电未释放；或因测量采样时未按规定操作；或因违规携带火种；或因使用非防爆工具；或因在作业场所使用手机等非防爆通信工具；或因遭到电击，避雷设施装置设置不当或失灵等原因引起火灾爆炸。

4）人员伤亡

由于未按规定着装，衣服或头发被卷入机泵内，造成伤亡；或因在油槽车顶部行动不慎，从高处坠落；或人在油槽车底部，槽车滑溜或位移时将人撞伤或挤伤；或因设备漏电或不慎造成触电而伤亡。

5）跑油、冒油、混油及污染事故

由于鹤管排气阀未关而跑油；或由于工艺流程不当，阀门开关有错；或因切换油罐不及时；或因收油罐容量核实有误；或因管道、阀门、油泵、油罐受损发生泄漏；或因油罐已满未停泵等原因造成跑油、冒油和混油。

6）设备损坏

（1）油槽车防溜装置未安放好，油槽车溜滑，造成翻车、撞车使设备损坏；

（2）开错阀门，造成管线憋压，损坏设备；

（3）槽车抽空，引发油泵损坏；

（4）鹤管未复位就调车，拉断鹤管；

（5）卸油结束时，未通知停泵，或气阻时间过长，油泵空转造成油泵损坏；

（6）活动踏梯未复位，油槽车移动时刮、碰，造成设备损坏。

2. 主要控制防范措施

1）防油槽车滑溜

油槽车确认对位正确合适后，应及时在车辆下方，安置好防溜装置。

2）防无法卸油

（1）油槽车入库时，应派专人调度，使其对位正确后，方可让机车离开。若机车已走，车位不合适时应组织人员采用撬杠等工具，使其移动至合适位置，保证鹤管能插入油槽车底部。

（2）当产生气阻时，应正确分析原因，及时排除故障。

3）防着火爆炸

（1）应按规定着防护服装、鞋帽，使用防爆工具；

（2）活动踏梯与油槽车接触部位应加设胶垫，使用时应缓慢轻放，以防产生火花；

（3）进入卸油场所时应首先释放人体静电；

（4）检查油槽车顶部杂物，用防爆工具缓慢开启罐盖；

（5）缓慢移动鹤管，插至油槽车底部；

（6）严禁穿带铁钉鞋和化纤服装进入作业场所，严禁携带火种，严禁在作业场所使用手机等非防爆通信工具；

（7）作业场所应配备充足的、合适的消防设备、器材，采取可靠有效的消防措施；

（8）认真检查防雷、防静电装置，连接好导静电线；

（9）雷雨天气严禁卸油作业。

4）防人员伤亡

（1）踏梯踏板和油罐盘梯踏板应有防滑措施，踏梯应放置稳固；油槽车上和油罐顶上湿滑物应及时清除干净，人员上下应踩稳以防滑倒或从高处坠落；

（2）人员应按规定着装，头发应塞入帽内，以防衣服袖、裤筒和头发转入机泵而受伤；

（3）移动油槽车时，人员应离开危险区域，严防撞人；

（4）认真检查电器是否绝缘良好，防止漏电使人触电；

（5）雷雨天应有防雷击措施。

5）防跑油、冒油、混油和污染事故

（1）移动、插鹤管时应先关闭其排气阀门；

（2）开泵前应核对工艺流程是否正确，并认真检查管道、阀门、油泵、过滤器、油罐等设备是否完好，核实阀开启是否正确。核查收油罐容量和收油量。

（3）卸油过程中应不断观察油位，及时切换油罐；

（4）需要停泵时，应及时通知司泵人员及时停泵；

（5）鹤管内的余油应排净后，才可复位。

6）防设备损坏

（1）油槽车对位正确后，应及时放置好防溜装置，以杜绝溜车；

（2）开泵前应核查工艺流程是否正确，检查阀门开启是否正确，以防管道抽空或憋压；

（3）接近油槽车快卸完时，加强监视，防止抽空而损坏油泵；

（4）卸油结束后，应及时通知停泵；

（5）卸油完毕，鹤管确认复位和踏梯复位后，再行调车；

（6）卸油过程应加强巡视检查，发现产生气阻时，应分析原因，及时排除故障。

第二节 公路装卸油作业

一、汽车装油作业

1. 主要风险

1）火灾爆炸

（1）由于导静电拖地带未能接地或断裂，静电积聚不能及时导走，引起静电放电而起火爆炸；

(2) 因鹤管未插入油槽车底部，喷溅装油；或装油初速度超过 4.5m/s，装油结束后不到 2min 就取出鹤管，静电快速积聚又未能顺利导走而引发火灾；

(3) 车辆未熄火就装油，引发火灾；

(4) 静电夹未可靠接地或连接点距装卸油口小于 1.5m，连接点放电引起火灾；

(5) 接地装置设置不符合要求或发生故障，接地电阻过大或未连接接地线引起火灾；

(6) 或因遭受雷击而失火，或由于油槽车内存有余油、水分、杂质而引发火灾；

(7) 人员未释放人体静电引发火灾；

(8) 使用非防爆工具，撞击产生火花，引发火灾；

(9) 人员携带火种和使用非防爆通信工具引发火灾；

(10) 汽车排气管阻火装置失效引发火灾。

2) 损坏设备

(1) 汽车油槽车司机驾驶不慎，进入装卸台时与装卸鹤管等发生碰撞，致设备损坏；

(2) 车辆装油时，未放置挡车牌，装完油后未经许可，油槽车就启动，可能拉断鹤管；

(3) 油槽车进入装卸位置后，手刹未制动，造成车辆滑移而致设备损坏；

(4) 鹤管阀门未开就启动油泵，造成管道内压力过高而损坏设备；或装油结束后，油泵未及时停止，造成管内超压；或因电液阀处于自关闭状态，装油时不能开启，造成管内憋压；

(5) 鹤管、踏梯、导静电夹、挡车牌未复位汽车就开动离开，拉断鹤管、踏梯、静电线等。

3) 人员坠落伤亡

(1) 活动踏梯、护栏有缺陷；

(2) 罐车上有湿滑物；

（3）人员着装不符合规定，鞋底滑；

（4）人员行动不谨慎。

因上述原因可导致人员从踏梯或罐体上坠下受伤。

4）跑油、冒油、发错油

（1）设备受损或存有缺陷；

（2）卸油阀未关闭；

（3）鹤管排气阀未关闭；

（4）提油单与货位不相符；

（5）油罐上的防溢油装置失灵或防溢油探头安装位置不对；

（6）未记录流量计起止数，装油数量不清，造成少装油、超装或冒油；

（7）装油速度过快造成油品外溢；

（8）油槽车罐盖未紧固，汽车行驶时造成油品外溢；

（9）未关闭鹤管球阀，在电液阀关闭不严时发生跑油。

2. 主要控制防范措施

1）防火灾爆炸事故

（1）杜绝静电放电，主要措施有：人员应按规定着装，不得穿戴化纤衣帽；进入作业场所应首先消除人体静电；检查罐内有无余油、水分、杂物；检查修复油车导静电拖带，连接导静电线，夹好静电夹，并经常检查静电装置，使之处于良好状态；将鹤管插入油罐底部，避免喷溅装油；装油初速度控制在4.5m/s 以下，装油完毕后，至少静置2min 以后再提出鹤管；

（2）踏梯放下和收起应轻取、轻放，以免产生火花，踏梯与油罐车接触处应加设胶垫或软金属垫；

（3）使用防爆工具和防爆通讯工具，严禁将火种和非防爆通讯工具带入作业场所；

（4）雷雨天气禁止装油，以防雷击；

（5）检查并及时修复汽车排气管阻火装置；

（6）车辆必须熄火才可装油。

2）防设备损坏

（1）在装油台应设醒目的警示标志，汽车油罐车入库时设专人引导指挥，以防车辆撞坏设备；

（2）车辆停稳后，提醒并确认车辆手闸已制动，放置挡车牌；

（3）检查所有相关设备是否正常，阀门启闭是否有误，确认一切正常无误后方可启动泵机装油；

（4）装油完毕后，应确认踏梯、鹤管、静电夹均已复位，才可允许司机启动车辆离开。

3）防人员坠落伤亡

（1）检查活动踏梯是否符合要求；

（2）清除油罐上的湿滑物；

（3）人在罐体上和踏梯上应谨慎小心；

（4）车辆启动行驶前应查看其周围有无人员，以免撞到人。

4）防跑油、冒油和装错油

（1）车辆一停稳就应核对装油单和装油位是否相符；

（2）检查核对油罐车容量与装油量是否相符，检查防溜装置和计量仪表是否正常；

（3）检查确认所有相关阀门开启、关闭是否有误，确认无误后，方可开始装油；

（4）及时记录审查装油数量；

（5）控制装油流速；

（6）装油完毕后应紧固油罐口盖，关闭鹤管球阀。

二、汽车卸油作业

1. 主要风险及原因

1）引发火灾爆炸

（1）导静电拖地带未触地或断裂；

（2）导静电夹未连接，或其导静电装置存有缺陷；

（3）连接点距油槽车装卸油口距离小于1.5m；

（4）车辆未熄火就卸油；

（5）人员未按规定着装，进入作业场所未释放人体静电；

（6）使用非防爆工具开油罐口盖撞出火花；

（7）违规携带火种进入作业场所；

（8）在作业场所使用非防爆通讯工具；

（9）卸油软管未跨接引发火灾；

（10）油罐盖未紧固引发火灾。

2）损坏设备

（1）油槽车入库进装卸台时，碰撞设备；

（2）车停后手闸未制动，造成车辆滑移损坏设备；

（3）工艺流程弄错，阀门开启、关闭有错，造成超压，或因油槽车抽空，引发油泵损坏；

（4）卸完油后，鹤管、踏梯、静电连接装置等未复位，车辆就启动移开，拉断损坏相关设备；

（5）司机不在现场，发生突发事件时不能及时处理。

3）人员坠落伤亡

其原因是槽车罐体湿滑，致人滑倒或从高处坠落受伤。

4）跑油、冒油、混油、卸错油

（1）装油随车运输单与货位不符，造成卸错油或混油；

（2）提油数量大于油槽车容量，造成冒油；

（3）收油罐容量核对错误造成冒油；

（4）流程搞错，开错阀门，造成管线超压损坏泄漏，或混油，或其他油罐冒油；

（5）收油罐切换不及时造成冒油；

（6）管道连接处、阀门处、其他附件处发生泄漏造成跑油；

（7）卸油完毕，未通知司泵员停泵，油泵空转造成损坏而跑油；

（8）卸油完毕后，未关闭油槽车卸油阀门，未排除卸油软管余油，造成泄漏；

（9）未恢复卸油工艺流程造成跑油；

（10）设备遭到破坏，有关管线被拉断造成跑油。

2. 控制防范措施

1）防火灾爆炸

（1）经常检查维护汽车油罐车的导静电拖地带，使其保持完好；

（2）经常检查维护汽车装卸油场所静电接地装置，使之处于完好状态，保证连接点应与装卸油口距离1.5m以上。

（3）车辆入库就位后，及时熄火，确认熄火后方可卸油；

（4）作业人员应按规定着装，进入场所时，及时释放人体静电；

（5）按规定使用防爆工具；

（6）严禁携带火种、手机等进入作业场所；

（7）使软管跨接；

（8）打开罐口盖应轻提、轻放；

（9）油罐口盖应紧固；

（10）卸油过程司机不得远离现场；

（11）卸油作业开始前应准备充足有效的消防器材。

2）防设备损坏

（1）汽车油罐车入库时，应有专人引导指挥，使其安全就位；作业场所应设有警示标志；

（2）车停稳就位正确后，立即核实手闸是否制动，放置挡车牌；

（3）复核工艺流程，确保阀门开关正确，以免管线超压；

（4）卸完油后，立即停泵；

（5）卸完油后，检查所有连接是否已复位，确认后车辆方可启动移开；

（6）卸油过程司机不得远离卸油场所。

3）防人员坠落

汽车油罐车就位后，立即清除罐体上的湿滑物，登罐人员不得穿戴有铁钉的鞋，也不得穿鞋底平滑的鞋，以防滑倒坠落。

4）防跑、冒油和卸错油、混油

（1）汽车油罐车入库时，引导员应首先查看随车运油单，了解来油名称、牌号，正确引导就位。车停稳后还应再次复核随车运油单与停车位是否相符；

（2）检查核实工艺流程是否正确，检查核实各设备连接、开启、关闭是否正确，有无异常；

（3）卸油完毕立即通知司泵员停泵；

（4）将鹤管、导静电装置等连接复位，确认无误后，车辆方可启动离开；

（5）卸油完毕后，应关闭鹤管球阀，排净软管余油。

第三节　水路装卸油作业

一、油船装油作业

1. 主要风险及原因

1）设备损坏

（1）油船靠码头系泊时，无人指挥或因操作不当，或因机械故障而发生刮、碰、撞，造成设备损坏；

（2）油船系泊不牢，发生漂移，造成设备损坏；

（3）开错阀门，管线超压而损坏设备；

（4）油船振动摇晃，输油软管接头或软管（钢管）发生摩擦而受损破裂，设备遭受破坏；

（5）汛期水位变化大，淹没管线接头或拉断软管；

（6）装油过程中，油船随所载油品增多，载重量增大，船体下降未及时松解缆绳，造成钢丝绳被拉断，损坏设备；

（7）装油结束后，未复位活动踏梯，油船离港移动时发生刮碰，造成油船、踏梯损坏；

（8）未回收管线中油品，温度升高体积膨胀，导致油管爆裂。

2）人员溺水

（1）船体押运摇晃，人在其上站不稳当，又无抓手，接船人员落水；

（2）活动踏梯放置不当，或其本身有缺陷，工作人员上下船时由踏梯上落水。

3）跑油、混油

（1）工艺流程搞错造成混油；

（2）管道、软管接头等设备遭到破坏时造成跑油；

（3）装油结束后，罐区相关工艺流程未关闭有关阀门，造成跑油或混油；

（4）计量仪表、液位控制仪表失灵或因值班人员玩忽职守造成跑油。

4）火灾爆炸

（1）人员进入作业场所时未释放自身所带静电引起火灾；

（2）活动踏梯与油船发生碰撞、摩擦产生火花，引发火灾；

（3）静电接线未连接或连接不当，或静电接地装置本身存有缺陷，引发火灾爆炸；

（4）使用工具为非防爆型，工作时产生火花引发火灾；

（5）人员违规携带火种进入作业场所，或在危险区域使用非防爆通讯工具，如拨打手机等而引起火灾爆炸；

（6）装油油品流速过快，或喷溅式装油，静电积聚引发火灾爆炸。

5）无法装油

油船系泊位置不合适，未对准装卸油位置，输油软管无法连接，造成无法装油。

2. 控制防范措施

1）防设备损坏

（1）油船到港靠码头前，油库应派出引导员到场指挥系泊，以防碰撞。油船驾驶员应谨慎操作；

（2）对位准确后及时锚定，系牢缆绳，确认牢固后方可进行后续作业；

（3）认真复查核对工艺流程，检查确认设备、阀门、管线连接等一切正常，方可装油；

（4）采取防油船摆动摇晃措施，将其控制在最小范围内。输油软管应留有足够裕量，以防船体摇晃时拉断；

（5）连接的管道等设备、设施应留有一定余量，以防水位变化而拉断；

（6）装油过程中，应随时注意油船船体下降情况，及时松解缆绳；

（7）装油结束后，各种与油船的连接设备、设施及时复位，以防油船移动离开时拉断、损坏设备、设施；

（8）装油后，及时排净输油管中余油。

2）防溺水

（1）上船、上踏梯工作人员必须身着救生衣；

（2）踏梯应设置固定牢靠，不能存有缺陷，并设有防滑设施；

（3）及时清除船弦上的湿滑物，检查其护栏是否完好；

（4）水面上工作人员行动应谨慎小心，以免疏忽而落水。

3）防跑油、混油装错油

（1）开泵装油前，必须核实油船取油单与停靠码头是否相符；

（2）检查核实工艺流程、发油罐、管线、阀门、油泵等设备是否正确，确认无误方可装油；

（3）严防设备损坏，以杜绝跑油、泄漏；

（4）装油结束后，应及时关闭所有发油用阀门，并排净输油管中余油；

（5）所有操作人员应尽职尽责，杜绝玩忽职守。

4）防火灾爆炸

（1）人员进入装油作业场所应按规定着装，首先应释放人体静电。严禁携带危险品；

（2）放置和收起活动踏梯时应轻拿轻放。踏梯与油船接触应加设胶垫或软金属垫，以免产生火花；

（3）使用防爆工具作业；

（4）应连接好静电接地线。输油软管应跨接。接地装置设置应正确，接地电阻应符合要求；

（5）应采用暗流式装油，杜绝喷溅式装油，装油速度不得超过规定的安全速度；

（6）装油时应准备充足的消防器材和设备，做好消防预案。

5）防无法装油

油船进港系泊前，派出专人负责引导，注意引导对准装油泊位。

二、油船卸油作业

1. 主要风险及原因

1）设备损坏

（1）油船进港靠码头系泊时因无人引导指挥，或因操作不当，或因机械故障而发生刮、碰、撞等损坏设备；

（2）油船未系牢，发生漂移；

（3）卸油时，随着油船内油品减少，载重量变小，船体上升，或因汛期、潮水船体升高而造成管线等损坏；

（4）卸完油后，活动踏梯、输油管线等未复位，油船移动时损坏设备；

（5）工艺流程出错，阀门关闭有误，或卸油后管内余油未排净，造成管线设备超压而损坏设备。

2）人员溺水

（1）船体摆动摇晃，人在其上滑倒、摔倒掉入水中；

（2）活动踏梯放置不牢，或踏梯存有缺陷，人在上行走时落水。

3）跑油、混油

（1）工艺流程发生错误，阀门开启、关闭有误，管线使用不对；

（2）未核对确认来油名称、牌号就卸油；

（3）设备损坏而发生泄漏跑油；

（4）收油罐容量有误，或油罐液位仪表失灵，收油罐切换不及时而发生跑油；

（5）未回收输油管中油品，温度升高，管内超压破裂，或软管连接脱落发生跑油；

（6）卸油完毕后未关闭相关阀门，导致跑油或混油。

4）火灾爆炸

（1）人员未按规定要求着装进入作业场所，未释放人体静电；

（2）活动踏梯与船发生碰撞、摩擦产生火花起火；

（3）使用非防爆工具，作业时产生火花；

（4）未连接静电接地线，或输油软管接头未跨接，或接地装置存有缺陷；

（5）违规携带火种进入作业场所，违规使用非防爆通讯工具。

5）无法卸油

因系泊时船位停靠不准，卸油管道无法连接，无法卸油。

2. 控制防范措施

1）防设备损坏

（1）油船进港靠码头时，应派专人引导指挥对位系泊，以免发生碰撞；

（2）对位准确后，系牢缆绳，防止漂移；

（3）认真复核来油运输单、工艺流程和阀门、管线、设备等的准备情况，一切正常无误后方可卸油；

（4）输油软管静电接地连线等应留有余地，以防船体上升、潮水上涨时拉断；

（5）卸完油后，及时将活动踏板、静电接地连接线、输油管线等复位，以免油船移开时发生碰撞、拉断；

（6）卸油完毕后，及时排净输油管中余油。

2）防人员溺水

（1）上船、上踏梯人员必须身着救生衣；

（2）踏板应设置固定牢靠，不能存有缺陷，并设有防滑设施；

（3）及时清除油船船弦上的湿滑物，检查维护其护栏，保证其完好；

（4）在船上和踏梯上的工作人员行动应谨慎小心，不可疏忽。

3）防跑油、混油

（1）开泵卸油前，必须核实油船来油运输单，对照检查停泊码头卸油位是否相符；

（2）检查核实工艺流程、收油罐、管线、阀门、油泵、过滤器等设备是否完好，确认无误后方可卸油；

（3）严防设备损坏，卸油过程中应经常巡视其各种设备设施运行状况，一旦发现异常应立即停泵，中止卸油，待查清原因、排除故障后，方可继续卸油；

(4) 及时检查测定收油罐油面高度，及时切换收油罐，以防冒顶跑油；

(5) 卸油完毕后，及时排净输油管中余油。

4) 防火灾爆炸

(1) 进入卸油作业场所人员应按规定着装，并首先释放人体静电，严禁携带火种、手机等危险品；

(2) 放置和收起活动踏梯时应轻拿轻放。踏梯与油船接触部位应加设胶垫或软金属垫，其本身不应存有缺陷；

(3) 连接好静电接地连线，接地装置应设置正确，不能存有缺陷；

(4) 卸油时油品不能以喷溅式注入收油罐，流速不可超过规定；

(5) 使用防爆工具作业；

(6) 卸油时准备充足的消防设备和器材，做好消防预案。

5) 防无法卸油

油船进港系泊时，引导员应注意指挥其停位准确，确保输油管线能顺畅连接。

第四节 铁路装卸油机泵作业

铁路装卸油时，往往需要机泵参与才可完成。机泵作业时的HSE管理有其特殊性，故单列一节加以阐述。

一、铁路卸油时的机泵作业

进行铁路卸油时，机泵作业可分为作业准备、操作准备、油泵运行、扫舱作业、输转扫舱罐(真空罐)作业和扫舱罐(真空罐)输转完毕六个阶段。各阶段的主要风险和控制风险的操作要点如下所述。

1. 作业准备阶段

1) 主要风险

(1) 油泵电机供电电压过高或过低，启动油泵过载温度升高烧毁电动机，引发火灾；

(2) 机泵、管道接地线、电气保护接地松动、断裂，引发静电、触电事故；

（3）联轴器错位，泵轴缺润滑油，地脚松动，长期运行泵轴发热超过 70℃以上，损坏电动机；

（4）引油(扫舱)系统漏气，造成漏油、泵空转，无法引油，损坏油泵；

（5）采用的工艺流程错误，造成混油、冒油、跑油或设备事故。

2）控制措施

观察配电柜上的电压表的计数是否达到(380 ± 5%)V；确认油泵、管道接地线、电气保护接地良好，无松动，无断裂；启泵前，盘车灵活无异常，润滑良好，地脚无松动；引油(扫舱)无漏气，确认工艺流程无误，班(组)长签字后进行作业。

2. 操作准备阶段

1）主要风险

（1）卸错油，造成混油。这是由于未复核泵房内工艺流程，对收油作业票、油品数量、品名、规格及罐号不清就卸油；

（2）出口阀门未关闭，在止回阀失灵时，发生油罐油品倒灌进入铁路油槽车，造成冒油；

（3）未启动通风系统，造成室内油气积聚引发火灾。

2）控制措施

复核泵房内工艺流程，确认收油作业票(来油运油单)和油品数量、名称、牌号及收油罐号；开启油泵进口阀门；确认油泵出口阀门处于关闭状态；启动通风系统。

3. 油泵运行阶段

1）主要风险

（1）引油后真空系统伴随作业，油蒸气大量溢泄，造成油气积聚，引发火灾；

（2）轴承温度高于 70℃，造成油泵或电动机损坏；

（3）超流速卸油，大量静电积聚引起放电，引发火灾；

（4）迅速关闭泵出口阀，引发阀超压。

2）控制措施

启动潜油泵(利用真空泵引油后要关闭系统，不得伴随卸油)；启动油泵，缓慢开启油泵出口阀门(控制油品初流速不大于1.5m/s，正常收油流速不大于4.5m/s)；油泵运行时，检查泵、电动机轴承温度(控制在70℃以下)；停泵前，缓慢关闭泵出口阀。

4. 扫舱作业阶段

1）主要风险

(1) 未复核扫舱罐(真空罐)内有无余油，连续卸油，发生冒油；

(2) 当真空罐的真空度超过-60kPa后，造成罐被吸瘪，发生跑油；

(3) 真空泵停泵前，未关闭吸入阀门，未打开空气阀门，未打开真空罐进气阀门，停泵后，泵腔内形成负压，将真空罐内的油品吸入泵内，发生排气管冒油。

2)控制措施

复核扫舱罐(真空罐)有无余油；开启扫舱罐、进口阀和扫舱泵的进口阀门，启动扫舱泵后，开启泵出口阀[采用真空泵时，开泵前应先灌泵，打开灌水阀，将清水灌至工作水位(泵2/3高度)，关闭灌水阀，关闭真空罐进气阀门，当真空罐真空度达到-40～60kPa时，打开真空罐吸入阀和排出阀]；扫舱结束，关闭扫舱泵进、出口阀门(真空泵停泵前，先关闭吸入阀，打开空气阀，打开真空罐进气阀门)，停泵。

5. 输转扫舱罐(真空罐)作业阶段

1）主要风险

由于迅速开启油泵出口阀门，造成油泵、阀体胀裂跑油。

2）控制措施

启动油泵，开启扫舱罐(真空罐)出口阀门；开启油泵的进口阀门，缓慢开启油泵出口阀门。

6. 扫舱罐(真空罐)输转完毕阶段

1）主要风险

(1) 未确认扫舱罐(真空罐)内油品转净，二次扫舱引发冒油；

（2）作业完毕后，未进行自然通风和机械通风，泵房内油气积聚引发火灾爆炸。

2）控制措施

确认扫舱罐（真空罐）内油品转净，关闭罐出口阀门，关闭油泵的进、出口阀门，停泵；泵房内进行自然通风，启动机械通风（通风时间不能小于 1h），清理现场，关闭机械通风，关窗锁门。

二、铁路装油时机泵作业

1. 准备及装油阶段

1）主要风险

（1）未复核泵房内工艺流程，错开阀门，造成装错油品、跑油、冒油、混油；

（2）未确认装油作业票，油品数量、品名、规格，发生跑油、冒油、混油；

（3）迅速开启出口阀门，使管道中油品流速过快，产生静电积聚，发生火灾；

（4）轴承温度高于 70℃，发热引燃油蒸气，发生火灾。

2）控制措施

复核泵房内工艺流程；确认装油作业票、油品数量、品名、规格及所装油的罐号；启动通风系统；开启油泵进口阀门，启动油泵，缓慢开启油泵出口阀门；油泵运行时，检查泵、电动机轴承温度（控制在 70℃以下）。

2. 装油完毕阶段

1）主要风险

（1）先关闭泵出口阀门后停泵，造成管线憋压；

（2）作业完毕后，通风时间不足，泵房内的油气积聚，引发火灾爆炸。

2）控制措施

缓慢关闭泵进口阀，停泵，关闭泵出口阀；作业完毕后，清理现场，通风 1h 后关闭机械通风，关窗锁门。

第五节　油库内倒罐作业

一、作业准备阶段

1. 主要风险

未确认输转油作业票，未核实清楚输转油品的名称、牌号、数量及油罐号的情况下就贸然实施输转作业，造成跑油、冒油和混油。

2. 控制措施

作业前应首先确认输转油品作业票，弄清输转油品的名称、牌号、数量和由某号油罐输转到某号油罐，并确认各有关油罐的总容量、现存容量。

二、输转作业阶段

1. 主要风险

(1) 作业时，未启动通风系统，致使泵房内油气积聚，引发火灾；

(2) 由于迅速开启出口阀门，造成油品管道水击现象，发生油泵、管道胀裂跑油；

(3) 机泵轴温度高于70℃，引发火灾或设备事故。

2. 控制措施

启动通风系统；开启油泵进口阀门，启动油泵，缓慢开启油泵出口阀门；油泵运行时，检查泵、电动机轴承温度(控制在70℃以下)；输转完毕，缓慢关闭泵出口阀，关闭进口阀，停泵。

三、输转完毕阶段

1. 主要风险

作业完毕后，未进行自然通风和机械通风，造成泵房内油气积聚引发火灾爆炸。

2. 控制措施

泵房内进行自然通风或启动机械通风(通风时间不能小于1h)；填写好《设备运行记录》，清理现场，关闭机械通风，关窗锁门。

第六节　油品计量作业

一、计量准备

1. 主要风险

（1）未核对品名规格及工艺，导致混油事故；未核对数量，收(装)油时冒油；

（2）器具连接不牢固造成器具坠落伤人；

（3）器具未装入箱(包)内，计量工登罐不便空手扶梯，造成高空坠落；

（4）未达到稳油时间，静电消除不彻底，静电放电引发火灾；

（5）油罐(舱)及阀门渗漏引发火灾；

（6）人行扶手踏梯(板)有缺陷或有湿滑物，引发滑倒和坠落。

2. 控制风险措施

核对收发油品的品名、规格、数量；检查计量器具及辅助材料完好；确认达到稳油时间；检查罐体(油船)和人行扶手踏梯(板)无缺陷、无湿滑物。

二、登罐(车、船)

1. 主要风险

（1）未释放人体静电，静电放电引发火灾；

（2）没有扶梯或登罐速度快，滑倒引发坠落；

（3）未系好或固定好安全带，造成高空坠落；

（4）消防器材失效或放置不当，计量时发生火灾无法及时扑救；

（5）站在下风口，开启量油孔盖速度过快，造成油气中毒；

（6）器具混乱放置不便取用，造成损坏；

（7）导尺槽损坏、标记不清，尺带、绳索与油品摩擦产生静电，发生火灾。

2. 控制风险措施

释放人体静电；扶梯登罐；固定安全带，放置消防器材；站在量油孔上风向；轻拿轻放，依使用顺序摆放计量器具；轻启量油孔盖，待油气压力正常后，检查导尺槽和检尺标记完好、清晰。

三、测量液面高度

1. 主要风险

(1) 尺带脱离导尺槽，下尺、提尺速度过快，摩擦产生静电引发火灾；

(2) 涂抹试水膏不慎进入口、眼中，发生中毒。

2. 控制风险措施

连接量油尺和油罐(舱)的静电跨接线；将试水膏均匀抹在量油尺砣刻度线附近；紧贴导尺槽(检尺标记处)下尺(下尺速度小于或等于1m/s)；尺砣轻触底，微停留(3～5s)，提尺速度小于或等于0.5m/s；用抹布擦净尺上的油品，读取数据时，用手指轻轻捏住尺带两侧，不要将尺带平放或倒放，尺砣垂直。

四、测量油温

1. 主要风险

(1) 温度计操作不当，破损扎伤手指；

(2) 绳索脱离导尺槽，下放、提取速度过快，摩擦产生静电，引发火灾；

(3) 油品洒落在量油孔外，造成湿滑和污染；

(4) 保温盒内油品倒回罐内，喷溅产生静电放电引发火灾。

2. 控制风险措施

将温度计轻轻放入保温盒，拧紧螺栓；将保温盒轻轻放入量油孔，然后使绳索紧贴导尺槽(检尺标记处)下放到确定的位置(下放速度小于或等于1m/s)，停5min后，紧贴导尺槽(检尺标记处)迅速提起保温盒(提出速度小于或等于0.5m/s)，垂直量油孔读取数据；将保温盒内油品倒入污油桶。

五、测量视密度

1. 主要风险

(1) 绳索脱离导尺槽，下放、提取速度过快摩擦产生静电，引起火灾；

(2) 油品洒落在量油孔外，造成湿滑和污染；

(3) 计量器具操作不当，破碎造成伤人。

2. 控制风险措施

盖好采样桶塞，使绳索紧贴导尺槽(检尺标记处)下放至确定的位置(下放速度小于或等于1m/s)；停留3～5s，紧贴导尺槽(检尺标记处)迅速提采样桶

（提出速度小于或等于0.5m/s）；冲洗量筒时，将油品倾斜沿量筒壁倒入并慢慢转动；采取足够油样，量筒内至少有10%的无油空间；将量筒放在无空气流动处，选定密度计轻轻放入量筒内读取数据。

六、测量视温度

1. 主要风险

油样倒回罐内，喷溅产生静电引发火灾。

2. 控制风险措施

用温度计轻轻搅拌油样，并不接触量筒壁及底部，读取温度数据；将油样倒入污油桶。

七、计量结束

1. 主要风险

（1）量油孔关闭不严，泄漏油气，遇雷电引起火灾；

（2）随意丢弃抹布，处理油样污染环境，引起火灾事故；

（3）下罐（船）滑倒引发坠落；

（4）计算错误，信息传递不及时或不准确，造成跑冒油、混油和设备事故。

2. 控制风险措施

放好垫圈，关闭孔盖，拧紧螺栓；擦拭器具，装入箱（包）内；清理油污、抹布；解开安全带，将消防器材放回原处；稳步下罐（船）；将污油桶内油品存放到指定容器内；依据测试计算结果，确定收（装）工艺和数量，并及时准确传递给有关作业人员。

第七节　油品装卸作业中的卫生环保管理

一、油品装卸作业中对卫生环境的危害

1. 油品装卸作业中可能对人体的危害

油品装卸作业中对人体卫生健康造成危害的原因是油品具有一定的毒性，它可以使人急性中毒也可使人慢性中毒。中毒主要侵害人的呼吸系统、神经系统和消化系统。中毒途径主要有以下几方面：一是人呼吸时油品蒸气由呼吸道

进入体内，二是从口腔进入，三是油品沾到人体皮肤，由皮肤进入体内。油品装卸工中毒的具体原因有以下几种。

（1）油槽(火车或汽车)车油罐和油库内油罐的口部打开时，油品蒸气会向外挥发漂逸，装卸工登上油罐进行操作时，未佩戴口罩和未着防护服装，挥发出来的油蒸气就可随装卸工呼吸进入其体内。吸入量大时，有可能引起急性中毒。

（2）当油品发生泄漏时，由于油品蒸发使现场人员中毒。

2. 油品装卸作业中可能对环境的危害

油品装卸作业中对环境造成的危害主要有两方面：一是油品装卸过程中免不了要打开油槽车油罐口，这时必然会从口部逸出油蒸气，从而影响周围空气质量。同时收发油品时，由于油罐内油品体积的变化，外界的空气会源源不断进入，使其罐内气体空间平衡被打破，从而加速了油品挥发，使更多油品液体分子变为气态进入罐内油面上的气体空间。而收油罐内由于油品液位不断上升，气体空间变小，气压上升，超过油罐的呼吸阀控制压力时，出气阀打开，罐内油品蒸气就源源不断地排到罐外，进入周围大气，从而使空气受到污染。二是装卸过程中因设备本身原因，或因操作失误发生油品外溢、泄漏、油罐冒油、跑油等事故时，油品外流，不仅可能引发火灾爆炸恶性事故，同时，由于油品外流，还可能流入排水系统进入水源，或油品渗入地下，与地上水汇合，一起进入水源，这样就污染了水源，继而危害人员、牲畜。而且使土壤遭到污染，一方面会使其上的树林、花草和庄稼中毒死亡，另一方面，油品中的毒物也会进入其上的植物体内，残留在水果、粮食、蔬菜体内的毒物若被人或牲畜食入，又会再次使之受到毒害。土壤遭到污染处理起来非常困难，自然解毒速度非常缓慢，受污染的土地好几年寸草不生。

二、控制预防措施

1. 防人员中毒

（1）装卸工上班时应按规定佩戴防护帽、防护服、工作鞋。

（2）在作业现场不吃饭喝水。

（3）吃饭喝水前应洗手。

(4) 工作服、防护用具不带入宿舍、办公室。

(5) 装卸油品时，油槽车、油船的罐口上加盖石棉被，尽量减少油品挥发到大气中。

2. 防环境污染

(1) 设法尽可能减少油品蒸发，即减少油蒸气扩散到大气中。装卸油作业中，对油品容器的敞口部位用东西遮盖、封堵，最好实现密闭装卸油，即在油罐口上加密封盖。

(2) 切实认真做好防跑油、冒油、漏油事故，其具体做法见第二章防跑油、冒油、漏油的有关内容。

(3) 发生跑油、冒油、漏油事故后，应立即切断油品跑、冒、漏区域的电源，关闭相关阀门，停止装卸输转作业；封堵邻近的排水、排污管沟(洞)；使用防爆器具及时回收油品。无法回收的要采用沙土、吸油纸(布)吸油。

① 油罐跑、冒、漏油时，应立即停止油罐进油作业，向品名对应的油罐输转油品。油罐泄漏时，采取木楔、软金属等堵洞；用沙、沙袋堵截地面的流散油品。无法回收时，应用沙土、吸油纸(布)吸附。

② 输油管线泄漏时，应立即停止输转作业；对于管线砂眼、小孔或破裂，采用软金属、木楔、卡箍等堵漏；对于阀门漏油、法兰垫漏油，应清空管线，更换阀门及法兰垫；用沙、沙袋堵截地面流散油品。无法回收的敞口采用沙土、吸油纸(布)吸附。

③ 油槽车跑冒油时，应立即停止作业，关闭阀门；冒油时打开卸油阀将油品卸入安全容器；将油槽车推离装卸油现场；用防爆器具及时回收油品，无法回收时要采用沙土、吸油纸(布)吸附。

第四章　油库油品装卸作业规程

为确保油库油品装卸作业安全，在贯彻落实 HSE 管理标准过程中，在总结多年来石油库管理正反两方面经验教训的基础上，对油库进行油品装卸作业的方法步骤作了详细规定，油品装卸工实际工作中必须认真执行，切实落实，唯有如此才可达到 HSE 管理要求，才可确保油品装卸作业安全。

第一节　铁路装卸油作业规程

一、铁路油罐车卸油作业操作规程

1. 准备阶段

（1）下达作业任务。接到上级下达的每月收油计划后，业务部门拟定收油方案，经库领导批准后，通报有关部门，做好收油准备工作。

接到车站送油罐车通知后，库领导应当召集有关部门人员，研究确定作业方案，明确交待任务，严密组织分工，提出注意事项，指定现场指挥员（连续接收 5 个以上铁路油罐车，库领导必须到达收发现场）。业务处根据确定的作业方案，填写《油料输转收发作业通知单（作业证）》，由库领导签发，送交现场指挥员组织实施作业，作业全过程实行现场指挥员负责制。

（2）接车。消防员按照机车入库要求，负责检查、监督机车入库送车；运输管理员指挥调车人员将油罐车调到指定货位，索取证件，检查铅封，核对化验单、货运号、车号、车数。如发现铅封损坏，油料被盗，油库应当立即与接轨车站作出商务记录，并会同运输部门照章处理。

（3）化验、测量。化验工按照《油料技术管理规则》要求，逐车检查油料外观、水分杂质情况，取样进行接收化验；计量员待油罐车所规定的静置时间后，逐车测量油高、油温，填写《量油原始记录》，计算核对来油数量。以上检查、化验结果应当在规定时间内报告现场指挥员。如发现油料数量、质量问题，油库应当查明原因，及时处理和上报。

(4) 作业动员。现场指挥员进行作业动员(内容包括清点人数，编组分工，下达任务，明确流程、提出安全要求等)，指定现场值班员负责本次作业的具体调度、协调工作。作业完毕后，作业人员应当立即到达指定岗位，做好作业前各项准备和检查工作。

(5) 作业前准备和检查。所有作业人员到位，且按规定着装；油品装卸工根据接收方案，测量接收油罐和放空罐内的存油数量，并作好记录，检查接收油罐的呼吸管路，打开旁通阀，检查流程，打开相应阀门；栈桥作业人员将鹤管插入罐车底部，并用石棉毯围盖，接好静电跨接线，若为接收黏油，则接好卸油胶管，需加温时还应接好加温管和回水管；司泵工检查油泵及电气设备等情况，并按规定流程打开阀门(泵排出阀仍关闭，待启动泵后再打开)；消防员准备好消防器材。启用新管、新罐或经修理后的管、罐前，应检查是否经过严格的质量验收，不用的管道、阀门和支管管头是否已用盲板堵死。上述检查完成后，由各作业小组负责人向现场指挥员报告检查结果。然后，现场指挥员应有重点地进行复核，必须亲自复核以下情况：罐区作业人员报告的本次接收油罐编号与作业方案是否一致；司泵工、巡线工报告的输油作业流程及沿途开启阀门与作业方案是否一致。

2. 实施阶段

卸油实施阶段按照下列要求进行：

(1) 开泵输油：准备就绪，经检查无误后，由现场指挥员下达开泵卸油命令。司泵工按照操作规程，启动油泵，罐区保管工打开接收油罐的罐前阀门，先输送放空罐内油料，然后输送油罐车内油料。罐区保管工应当及时观察并报告油料进入接收油罐的起始时间，由现场值班员进行核对，了解中途是否发生跑油或发生故障。

(2) 输油中检查及情况处理：

① 司泵工应当严格执行操作规程，密切注视泵、电机、仪表工作情况；

② 指定专人观察油罐车液面下降情况，派专人随时巡查管线、阀门、油罐

等有无异常现象，发现问题，立即报告，及时处理，必要时停泵关阀进行检查。现场值班员应当随时了解油罐车、接收油罐油面变化情况，推算接收油罐进油量；

③ 油罐车转换操作：当一组油罐车油料快抽尽时，适当关小鹤管阀门、同时打开下组油罐车鹤管阀门，听到前组油罐车鹤管口发出进入空气的响声时，迅速关闭鹤管阀门，全部打开下一组油罐车鹤管阀门；

④ 接收油罐转换操作：当接收油罐油料装至接近安全高度时，打开下一接收油罐的罐前阀门，当前接收油罐装至安全高度时，迅速关闭罐前阀门，随即全部打开下一接收油罐的罐前阀门；

⑤ 输油作业中遇雷雨、风暴天气，必须停止作业，并盖严罐口，关闭洞库密闭门及有关重要阀门，断开有关设备的电源开关；

⑥ 连续作业时，现场指挥员应当组织好各岗位交接班，一般不得中途暂停作业，特殊情况中途停止作业时，必须关闭接收油罐和泵的进出阀门，断开电源开关。盖好罐盖，没有胀油管的输油管线，应将输油管线内的油向放空罐放出一部分，防止因油温升高胀裂管线；

⑦ 因故中途暂时停泵时，必须关闭有关阀门，防止液位差或虹吸作用造成跑油；

⑧ 现场指挥员应当随时了解情况，严密组织指挥，督促检查，严防跑、冒、混、漏油料和其他事故发生，现场指挥员因事临时离开岗位时，由现场值班员临时代替指挥作业。

（3）停输：

① 当最后一节油罐车油料即将抽完时，现场指挥员下达准备停泵命令。司泵工接到准备停泵命令后，先慢慢关小排出阀，当真空表指针归零时，迅速关闭排出阀，立即停泵。现场指挥员通知罐区保管员关闭罐前阀门。

② 抽油罐车底油可在作业过程中分别进行或最后集中进行，真空罐内油料应及时抽(放)空。

（4）放空管线：按照吸入管线、输油管线、泵房管组的顺序，依次进行放空。放空时，现场指挥员通知罐区保管工打开输油管线放空阀。司泵工应当密切注意放空罐的油面上升情况，防止溢油。放空完毕，由现场指挥员通知各岗位作业人员关闭所有阀门并上锁。

3. 收尾阶段

卸油收尾阶段按照下列程序和要求进行：

（1）待到规定的静置时间后，计量工测量接收油罐、放空罐油高、水高、油温、密度，核算收油数量。

（2）作业人员填写本岗位各种作业记录和设备运行记录。现场值班员填写《油料输转收发作业通知单(作业证)》，经现场指挥员签字后，交业务处留存。

（3）各岗位作业人员负责清理本岗位作业现场，整理归放工具，撤收消防器材，擦拭保养各种设备，清扫现场，切断电源，并锁门窗。

（4）运输管理员通知车站调走空油罐车。

（5）现场指挥员进行作业讲评，并向库领导报告作业完成情况。

（6）消防员按机车入库要求，监督机车入库挂车。如是专列卸车，业务处应当在24h 内上报空车挂出情况。装运喷气燃料的专列，应对罐车逐车进行铅封。

二、铁路油罐车轻油装油作业操作规程

1. 准备阶段

（1）下达作业任务。接到上级下达的每月发油计划后，业务部门拟定发油方案，经库领导批准后，通报有关部门，做好发油准备工作。

运输管理员根据铁路运输计划，按规定办理请领手续。

化验工检查发油罐和放空罐内的水分杂质情况，协同保管工及时排放罐内水分杂质。

计量工根据铁路运输计划中的目的到站，检查油罐车运输沿途的气温情况，根据沿途可能的最高气温，确定本次油罐车装油的安全高度。

油罐车装油安全高度的计算方法：

① 发站以发油罐中的油温为准。

② 用最高油温减发站油温后的差值，按车型从表 4 -1 中查得相应的装油高度。

③ 从表4－2中查出到站和所途经地区的最高油温。

表4－1　铁路油罐车按温差装载高度表

cm

发站至站温差/℃ \ 车型	500型	4型	601型	600型	604型	605型
1	261	296	298	296	296	252
2	258	293	296	294	293	251
3	255	289	295	289	289	251
4	251	285	298	285	285	250
5	248	282	291	283	281	249
6	245	278	289	277	277	248
7	242	274	277	273	273	248
8	239	271	235	269	270	247
9	235	267	283	265	266	247
10	233	263	282	261	262	246
11	230	259	280	258	259	246
12	227	257	278	257	256	245
13	223	255	276	256	255	244
14	220	255	274	255	254	241
15	217	254	272	254	253	243
16	214	252	271	253	252	243
17	211	252	269	252	251	242
18	207	251	267	251	251	242
19	204	250	265	250	250	241
20	202	250	263	250	249	241
21	201	249	261	249	248	240
22	201	249	259	248	248	240
23	201	248	257	248	247	239
24	200	247	256	247	247	238
25	199	247	255	246	246	238
26	198	246	254	246	245	237
27	198	245	254	245	245	237
28	198	245	253	245	244	236
29	197	244	252	245	243	236
30	196	243	252	244	243	235

注：编制此表的主要依据是油品的膨胀系数。经行车试验，初步确定汽油的膨胀系数为1.3‰；煤油为0.8‰～1‰；柴油为0.8‰。为了简化，灌装高度的计算统一采用汽油膨胀系数。

表 4－2　全国各地区铁路油罐车运输途中最高油温表

地区范围	月份	最高油温/℃	月份	最高油温/℃	月份	最高油温/℃
东北地区（山海关以北地区）	12～2	2	3～5	28	6～11	33
长江以北地区（包括成都及成都以北地区）	12～2	17	3～5	34	6～11	39
长江以南地区（包括武汉地区、成都以南地区）	12～2	24	3～5	24	6～11	39

例：12 月由东北某地（油温 －4℃）发汽油到贵州贵阳，用 600 型和 605 型装载，求装载高度是多少？

解：发站油温为 －4℃；贵阳在长江以南，12 月为冬春季节。查表 4－2 最高油温为 24℃；油温差值＝24℃－（－4℃）＝28℃

按温差查表 4－1 得装载高度为：600 型 245cm；605 型 236cm；

从油温高的发站经油温低的地区发油时，装载高度可按罐车全容量。

接到车站送空油罐车通知后，参照上述卸油程序中"下达作业任务"的程序，确定现场指挥员，办理《油料输转收发作业通知单（作业证）》。

（2）接车。消防员按照机车入库要求，检查、监督机车入库送车。运输管理员指挥调车人员将油罐车调到指定货位，清点车数，登记车号。化验工逐一检查油罐车内部洗刷清洁情况，并填写检查登记，如不合格，作好记录，报告业务处按有关规定处理。

（3）作业动员、作业前准备和检查同上述卸油程序。

2. 实施阶段

装油实施阶段按照下列程序和要求进行：

（1）装油。准备就绪，经检查无误后，由现场指挥员下达装油命令。栈桥上作业人员打开鹤管阀门，司泵工启动油泵，先将放空罐内同品种、同牌号油料泵送到油罐车内。罐区保管员打开发油罐的罐前阀门，自流发油。如使用油泵发油，司泵工按照操作规程启动油泵。栈桥上作业人员应当及时观察并报告发油罐来油进入油罐车的起始时间，由现场值班员进行核对，了解中途是否发生跑油或故障。

（2）装油中的检查及情况处理

① 指定专人随时巡查管线、阀门、油罐等设备有无异常现象，发现问题，立即报告，及时处理，必要时停泵关阀进行检查；

② 指定专人观察油罐车油面上升情况，如发现油面不上升或有异常现象时，立即报告，及时处理；

③ 油罐车转换操作：当油罐车油料装至安全高度时，关闭鹤管阀门，随即打开下一油罐车的鹤管阀门；

④ 发油罐转换操作：当发油罐发空时，立即关闭发油罐的罐前阀门，同时打开下一发油罐的呼吸阀和罐前阀门；

⑤ 其他检查及情况处理与上述卸油程序中的内容相同。

（3）停发及放空管线。当最后一节油罐车油料即将装至安全高度时，现场指挥员向各岗位发出准备停发油料命令，当装至安全高度时，保管员立即关闭鹤管阀门。如使用油泵发油，司泵工立即停泵。现场指挥员随即通知罐区保管员关闭发油罐的罐前阀门。

放空管线参照卸油作业程序。

（4）办理发油证件。

① 化验工逐个油罐车检查油料外观和底部水分杂质情况，按规定采取油样留存备查；每个货运号、每批油料应当随油出具一份化验单，化验单上应当注明货运号、车号；

② 计量工测量每个油罐车以及发油罐、放空罐的油高、油温，填写《量油原始记录》；计算核对发油数量；

③ 保管工收回鹤管，盖上油罐车盖板并拧紧螺栓，协助运输管理员铅封油罐车；

④ 现场指挥员核对运输、统计、化验和保管 4 个方面报告的完成情况，发现问题，及时处理；

⑤ 运输管理员将业务处开出的发放凭证、化验室出具的化验单，送交车站并通知挂车。

3. 收尾阶段

在满装油罐车未调出库之前，油库应当指派专人警戒看守，防止油罐车溜车或其他事故发生。收尾阶段其他工作参照卸油作业程序。

三、铁路油罐车润滑油灌装作业操作规程

1. 操作前准备工作

（1）接到业务部门(业务科)当日装车计划，经油库主任或副主任签批后，由计量室通知有关班组做好装车准备。

（2）寒区在冬天送车前，司泵工应及时打开暖库大门，检查库内铁路线是否畅通。

（3）槽车入库对位后，司泵班组应通知计量室，由计量室通知化验室。

（4）司泵工开车盖，检查栈桥附属设备和油泵相连接的管组阀门是否处于正常状态。化验员对槽车进行质量检查。

（5）计量工抄车号、定表号、逐车施封下卸阀中心轴、配到站，待质检组下达装车通知单后，再下达输转通知单。

（6）计量工在输油之前测量输转罐油高，并开启输转罐出口阀门。

（7）司泵工对质检合格的车辆放入装油鹤管，对不合格的车辆根据质检组下达的通知单进行清理和扣装。

2. 操作程序

（1）启动机泵，一人观察机泵、仪表变化，保持输转正常。

（2）一人检查槽车油位高度。

（3）槽车装满油品后，停泵关闭阀门，启泵回抽管道存油，清理油坑。

（4）装油结束后，切断电源，关闭阀门，提出鹤管。通知计量室计量、施封。

（5）装油工封车盖，上紧拧牢螺栓不得少于 4 个。

（6）拉起梯子拴牢，并对栈桥进行全面检查。

（7）填写作业记录。

四、消除卸油鹤管气阻的措施

当卸油鹤管中的某一点的剩余压力小于所卸油品的饱和蒸气压时，所输油

品便会发生沸腾汽化，在易于气体积聚的部位形成“气袋”，阻碍甚至完全阻塞油品的流动，从而使卸油作业中断。

消除气阻的措施通常有以下几种。

(1) 增大油罐车液面上的压力。油罐车液面与大气连通时，该压力为 Pa，如果将罐车口密闭，往油罐车内通入压缩空气，则可提高油罐车液面上的压力。本法称为压力卸油或压力卸车。

(2) 减小鹤管中油料的流速。可以通过关小泵排出阀，减小泵的流量来实现。

(3) 减小鹤管进油口至气阻危险点管段的阻力损失。

(4) 减小油料的饱和蒸气压。由于同种油料温度越低，饱和蒸气压越小，因而可通过降低油温的办法来降低饱和蒸气压值。方法有淋水降温法(例如往油罐车上喷洒冷水)、自然降温法(如夜间卸油)。这两种方法虽能降温，但前者费时、费力，而且浪费水，后者则易延误收油时间，耽搁油罐车周转。

(5) 倒序混层卸油法。该方法是根据油罐车内油料温度上高下低的分布规律，采用倒序混层卸油装置，首先卸油罐车上层的高温油料，而后卸油罐车下部的低温油料，从而合理地利用油罐车内油料液位与温度之间的特殊关系，有效地克服了老式卸油工艺中卸油后期的气阻现象。

(6) 采用潜油泵可彻底解决气阻问题。过去由于油罐车内是 0 级爆炸危险场所，严禁电器进入，因而一直未采用。近年来国内新研制成功的液压卸槽装置解决了这一难题。如图 4 - 1 所示的 YQY60 - 40 型卸槽装置就具有这种功能。它主要包括 YQY60 - 40 型潜油泵和液压站两部分。潜油泵由液压马达和离心泵组成。液压站由防爆电动机、液压油泵、油箱、溢流阀及管路附件组成。液压站是潜油泵的动力源，它把电能转换成液压能，压力油通过油管驱动潜油液压马达，液压马达带动离心泵运转。由于潜油泵的增压作用，使鹤管内油料处于较高油压下，因而消除了气阻及气蚀现象。

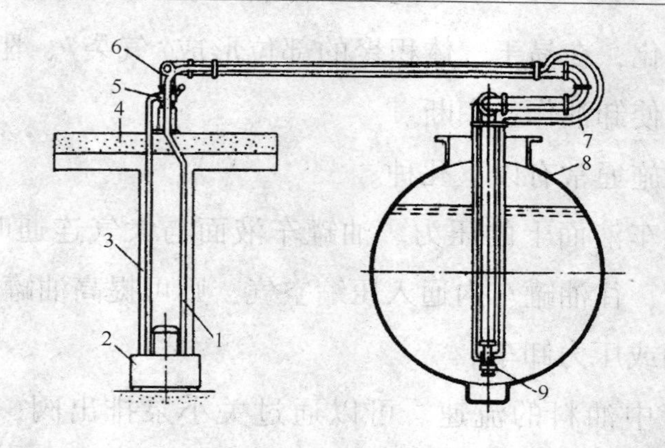

图 4－1　液压卸槽装置示意图

1—压油管；2—液压站；3—回流管；4—栈桥；5—操作元件；

6—鹤管；7—胶管；8—油罐车；9—潜油泵

第二节　水路装卸油作业规程

一、油船卸油作业操作规程

1. 准备阶段

卸油准备阶段按照下列程序和要求进行：

(1) 下达作业任务。接到上级下达的每月收油计划后，业务部门拟定收油方案，经库领导批准后，通报有关部门，做好收油准备工作。

接到油船来油通知后，库领导召集有关部门人员，研究确定作业方案，明确交待任务，严密组织分工，提出注意事项，指定现场指挥员(一次接收油料400t 以上，库领导必须到达收发现场)。业务处根据确定的作业方案，填写《油料输转收发作业通知单(作业证)》，由库领导签发后，送交现场指挥员组织实施作业，作业全过程实行现场指挥员负责制。

(2) 检查、化验。运输管理员协助油船做好停靠码头工作，上船索取证件，检查铅封，核对化验单、货运号、船号；化验工按照《油料技术管理规则》要求，逐舱检查油料外观和底部水分杂质情况，取样进行接收化验。以上检查、化验结果应当在规定时间内报告现场指挥员。如发现铅封破坏、油料被盗以及油料质量问题，油库应当查明原因，及时处理和上报。

(3) 作业动员。参见铁路卸油作业准备阶段动员。

(4) 作业前准备和检查。作业前应会同船方商定好卸油方案和时间；连接好码头至油船的软管，留足长度，在通过船舷处搭好跳板或用绳索吊起；接好静电跨接线。库房保管工、消防员、值班干部应准备和检查的内容与铁路卸油相同。

2. 实施阶段

收油实施阶段按照下列程序和要求进行：

(1) 开泵输油。准备就绪，经检查无误后，现场指挥员下达卸油命令。司泵工启动油泵，罐区保管员打开接收油罐的罐前阀门，先将放空罐内同品种、同牌号油料泵送到接收油罐内，然后油库与船方同时发出作业信号(由双方规定)，油船开泵输油；罐区保管员应当及时观察并报告油料进罐起始时间；由现场值班员进行核对，了解中途是否发生跑油或故障。

(2) 输油中检查及情况处理：

① 指定专人负责设备运转、阀门启闭、巡查输油管线等，发现问题，立即报告，及时处理；

② 作业人员应当坚守岗位，加强联系，与油船密切协同，油库油泵与油船油泵串联工作时，司泵工应当不断观察油泵压力、真空表指示和运转情况，做到同油船油泵协调一致；

③ 罐区保管工应当注意观察接收油罐内液面上升情况，在装至安全高度时，做好换罐工作，先开空罐阀门，后关满罐阀门，以防溢油；

④ 输油作业中遇有大风、大浪和雷雨天气时，油库应当与船方商定停止作业；

⑤ 连续作业时，现场指挥员应当组织好各岗位交接班，一般不得中途暂停作业，特殊情况中途停止作业时，必须关闭接收油罐和泵的进出阀门，断开电源开关，盖好罐盖。没有胀油管的输油管线，应将输油管线内的油向放空罐放出一部分，防止因油温升高胀裂管线；

⑥ 因故中途暂时停泵时，必须关闭有关阀门，防止因位差或虹吸作用造成

跑油；

⑦ 现场指挥员应当随时了解情况，严密组织指挥，督促检查，严防跑、冒、混、漏油料和其他事故发生。现场指挥员因事临时离开岗位时，由现场值班员临时代替指挥作业。

（3）停输及放空管线。当油船最后一舱油料卸完时，船方发出停止作业信号，立即停泵。现场指挥员随即通知罐区保管工关闭接收油罐的罐前阀门，油船舱底油料应当采取各种措施抽净。

按照吸入管线、输油管线、泵房管组的顺序，依次进行放空。放空时，现场指挥员通知罐区保管工打开输油管线放空阀。司泵工应当密切注意放空罐的油面上升情况，防止溢油。放空完毕后，由现场指挥员通知各岗位作业人员关闭所有阀门并上锁。

3. 收尾阶段

收油收尾阶段按照下列程序和要求进行：

（1）待到规定的静置时间后，计量工测量接收油罐、放空罐油高、水高、油温、密度，核算收油数量。

（2）作业人员填写本岗位各种作业记录和设备运行记录。现场值班员填写《油料输转收发作业通知单（作业证）》，经现场指挥员签字后，交业务部门留存。

（3）各岗位作业人员负责清理本岗位作业现场，整理归放工具，撤收消防器材，擦拭保养各种设备，清扫现场，切断电源，关锁门窗。

（4）运输管理员通知调走空油船。

（5）现场指挥员进行作业讲评，并向库领导报告作业完成情况。

二、油船装油作业操作规程

1. 准备阶段

装油准备阶段按照下列要求进行：

（1）下达作业任务。接到上级下达的每月发油计划后，业务部门拟定发油方案，经库领导批准后，通报有关部门，做好发油准备工作。

接到油船靠码头通知后，参照油船卸油作业准备阶段中的“下达任务”的程序，确定现场指挥员，办理《油料输转收发作业通知单(作业证)》。

(2) 接船。运输管理员协助油船靠好码头，对准泊位。油库派专人上船了解油船性能和设备是否符合所运油料防爆等级要求，不符合要求时，油库应当及时上报，并拒绝装油。化验工按油船洗刷标准及验收方法，对油舱进行检查，不合格者，应立即请船方洗舱。油船同时装运两种以上不同油料时，油库应当督促船方对隔舱进行认真检查，防止串油。

(3) 作业动员(同卸油作业)。

(4) 作业前的准备和检查。作业前的准备和检查工作与卸油作业基本相同，应注意的是还应测量发油罐、放空罐的存油数量和质量，并及时排除罐内的水分和杂质。

2. 实施阶段和收尾阶段

装油实施和收尾阶段按照下列程序和要求进行：

(1) 装油。准备就绪，经检查无误后，油库与油船同时发出作业信号。司泵工启动油泵，先将放空罐内同品种、同牌号油料泵送到油船内。罐区保管工打开发油罐罐前阀门，自流给油船发油。如需使用油泵，司泵工按照操作规程启动油泵。码头保管员会同船方人员及时观察并报告油到油船的起始时间，由现场值班员进行核对，了解中途是否发生跑油或故障。

(2) 装油中的检查及情况处理：

① 作业人员应当坚守岗位，加强联系，现场指挥员应当随时了解各岗位上的情况，严密组织指挥，督促检查，遇有不正常情况时，应立即停止装油，仔细检查，找出原因，正确处理后方可继续装油；

② 罐区。保管工应当注意观察发油罐液面下降情况，当发油罐内的油料接近发完时，应及时开启下一个油罐阀门，关闭空罐阀门；

③ 其他检查及情况处理与卸油作业相同。

(3) 停发及放空管线。当最后一舱装满时，船方发出停止作业信号。如泵送发油，司泵工立即停泵。现场指挥员随即通知罐区保管工关闭发油罐的罐前阀门，放空管线。

(4) 办理发油证件。

① 化验工逐舱检查油料外观和底部水分杂质情况，按规定采取油样留存备查，并按要求出具化验单；

② 计量工测量发油罐、放空罐的油高、油温，填写《量油原始记录》，计算核对发油数量；

③ 码头作业人员撤收码头至油船的软管，密封管口，放回原处，协助运输管理员铅封油舱；

④ 现场指挥员核对运输、统计、化验和保管 4 个方面报告的完成情况，发现问题，及时处理；

⑤ 运输管理员将业务部门开出的发放凭证、化验室出具的化验单，送交船方随船带走；

⑥ 其他收尾工作与卸油作业相同。

第三节　公路装卸油作业规程

一、灌装及倒装作业操作规程

1. 灌车作业

汽车油罐车的灌装作业比较简单，对于已实现自动灌装的就更加简单，通常程序是：

(1) 油罐车按规定行驶到油罐车装卸台前，发动机熄火后，油库的发油工(或保管工)检查油罐车的油罐(特别是给飞机加油的油车)是否清洁，设备是否完好。如不符合要求，应立即进行清理，待符合要求后，才准装油。

(2) 司泵工向来库加油单位索取加油单，接好静电接地。

(3) 插入鹤管至底部或液面以下。罐口应盖上罩布，以减少蒸发损耗，防止灰尘杂质落入罐内。

(4) 待以上准备工作做好后，即可开始给油罐车装油。在灌装过程中，应注意流量表的读数，当快到所需加油数量时，降低加油速度，到所需加油数量时，立即停止，并记下加油数量。

(5) 装油完毕，抽出鹤管，盖好罐盖。

(6) 填写好加油单，油罐车离开加油场地。

2. 灌桶作业

(1) 凭业务主管部门的灌装通知单或用户提货单灌装或发油。

(2) 校准磅秤。使用流量表计量的，应按规定测定油品温度、密度，并校准流量表。

(3) 检查灌桶间管线各阀门油路通、断是否正确，并关紧不使用的管线和灌油栓阀门。检查灌油栓旋塞阀是否灵活。使用移动式手动灌油栓，应接好静电导地线。

(4) 检查桶(听)内是否含水、含杂质。禁止使用塑料漏斗。禁止向塑料桶(听)内灌装闪点在60℃以下的油品。灌装汽、煤油，应佩戴口罩、手套等防护用品，尽量避免油品接触皮肤。下班后和饭前要洗手、洗脸。

(5) 集中思想、集中精力，按规定的安全流速灌油，保持流速平稳。泵送灌装时，该泵组各灌油栓(龙头)避免同时关、停，防止压力增高；如灌装压力太大，应通知降低泵速，防止压脱胶管，损坏发油闸阀而喷溢油料。

(6) 按照灌装定量掌握灌装量，误差不得超过±0.5kg。灌装定量见表4-3(供参考)。

表4-3 200L油桶灌装定量表

油品	冬、春季灌装重量/kg	夏、秋季灌装重量/kg	油品	冬、春季灌装重量/kg	夏、秋季灌装重量/kg
车用汽油	140	135	轻柴油	160	160
工业用汽油	140	135	煤油	160	160
溶剂汽油“120”	140	135	重柴油	165	165
溶剂汽油“200”	145	140	润滑油	165	175

(7) 灌足量后下磅，上紧桶盖。如需推倒转移，桶倒处应铺软垫，严禁用力以桶推桶。

(8) 灌装作业过程中，应指定专人检查空桶，发现桶内含水、含杂质和有漏缝、漏孔或装过化工原料及产品的，应换桶装油；检查实桶，发现渗漏，立即倒装。

(9) 油品加温后灌装，油温不得超过65℃。灌装后，桶盖不能随即拧紧，以免油温下降后形成负压，致使油桶变形。油温下降后，及时拧紧桶盖，防止水分、杂物进入。

(10) 不允许在大风、雨、雪天或大雾潮湿气候下进行露天灌装作业。

(11) 灌装作业用的金属工具，如扳手等，必须是铜、铝合金材料制成的。操作中严禁铁器互相敲击。保持罐桶间通风良好。夏季采用机械通风，所使用的电器及其安装，都必须是防爆型的并符合防爆安装要求。

(12) 灌装完毕，及时排空放净管线余油，关紧灌桶间所有输油闸阀；收整工具设备，清理现场，关闭灌桶间门、窗和出入油桶孔口。清点核对灌装数量，标清桶面上墨头(品名、规格、重量等)，及时归堆上垛和登记油品保管账、卡。

3. 倒装(倒桶)作业

凡油桶渗漏、油品经抽净水杂后整理归并，或把桶装油料倒向用户桶内、向用户发售油料，所必须进行的从这一油桶把油倒向那一个油桶的工作，都属于倒装(倒桶)作业。

1) 倒装(倒桶)方法和倒装用具

(1) 用半圆形倒桶架人工倒装。这是一种原始而较简易的倒桶，劳动强度大，如果力小或用力不当，不易实现倒装，还可能发生挤压事故，已很少采用了。

(2) 虹吸法倒装。用提升机(或人工)将立放的装油重桶升高，以软管插入桶底部，使软管内油液面与油桶油液面水平后，折住桶外软管，猛一抽立即松开折处迅速把软管另一段插入空桶，使高位桶内油流入低位空桶内，从而完成倒装作业。这种方法也比较原始，倒装速度慢。

(3) 用压缩空气倒装。即把低于 98kPa 的压缩空气注入桶内把油压出。用这种方法需要空压机，如压力超过油桶抗压允许值时，容易发生油桶爆裂事故，一般不再采用。

(4) 用油泵抽吸倒装。抽吸用的泵种类较多，有能直接插入桶底的油桶泵；两端都用软管引接的手摇泵；还有人工、电动两用的转子泵。用电作动力的电机都是防爆型的，流量为 40 ~ 50L/min，有的还带有流量表。用油泵倒装，方便省力，效率较高，是倒装作业发展的方向。

2）倒装作业基本规程

（1）备用倒装的空桶，必须符合油品质量的要求。

（2）所用的倒装设备工具，应按油品类别分组，实行专组专用，不得乱用。用后分组存放，妥善遮盖，防止沙尘侵附。

（3）不宜用转子泵倒装轻质油料以及变压器油、电容器油和色度要求较高的润滑油。

（4）不得在大风沙天气和雨、雪时进行露天倒装作业。

（5）使用电动倒装设备进行倒装时，使用前应检查电气连接是否良好、导电接地装置是否有效，拖在地面上的导线还要防止人、车践踏踩压。

二、桶装油料的保管

1. 保管要求

桶装油料的保管按如下方法和要求进行。

（1）按照油料的品种、牌号、批次、质量分类存放，做到油桶清洁、标记清楚、摆放整齐，并设置堆垛卡片。

（2）各种润滑油(脂)和特种液优先入库房保管。汽油、喷气燃料、轻柴油和乙醇存放在符合防爆要求的库房内。强酸、油漆、溶剂、电石、氧气瓶等危险品不得存放在同一库房内。

（3）库房内应保持清洁、整齐、无油味，门窗牢固完好。库房主通道宽度应大于1.8m，垛与垛间距大于0.8m，垛与墙间距大于0.5m。油桶双行立放，桶身紧靠，大口盖位于走道侧，底部有垫木，垒层牢固，上桶不压下桶大口盖。轻质油品油桶堆垛不得超过2层，润滑油(脂)油桶不得超过3层。

（4）露天临时存放桶装油料，桶身下部一侧加垫，使桶身与地面成75°，单口朝上，双口在同一水平线上，雨大和炎热季节应当用篷布遮盖。放桶场地周围应有排水沟。

（5）保管工根据收发情况及时修改堆垛卡片，清点数量，定期检查桶装油料质量，发现漏油桶及时倒桶。

2. 桶装油料堆垛、装卸机械

依靠人力手工操作来实现桶装油料的堆垛和装卸，往往需要 5 个人协力(4 人抬 1 人扶)完成，是油库劳动量最大的作业环节。通过多年来的技术革新，基本上使这个作业环节实现了机械化。目前，油库在堆垛、装卸作业上除了采用铲车、鹰嘴吊外，还有人力手摇小吊车、电动小吊车、升降机等堆垛装卸机械。无论哪种机械，用于桶装油料堆垛应注意以下几点。

（1）用于闪点在 28℃以下油品的堆垛、装卸机械，必须匹配防爆电机和防爆开关、按钮等，在安装和线路连接上，也要符合防爆要求。未配备防爆电器的装卸机械，不许进入储存甲、乙类油品库房、仓棚、货场进行堆垛作业和对以上油品进行装卸作业。

（2）各种小吊车、升降机，要有专人操作，并负责保管和维护保养。应建立设备档案和运行记录。

（3）操作前应检查：刹车是否有效；各焊接部位有无异变；各润滑摩擦部位和钢丝绳的润滑状况；手摇小吊车胶轮胎有无足够充气。

以上各项均处于良好状态，方可进行操作。

（4）操作程序和注意事项：

① 机械要放置平稳。下部安装人力车胶轮的手摇吊车，要支稳三角支架。

② 接好地线，使机械上的电开关处于关闭状态。插好插销接通电源。

③ 向升降机托盘上桶。如立放，要放置在托盘中心；卧放，桶两边要有支垫，防止滚动。吊车吊桶要扣紧桶边(或捅箍)。

④ 实桶升(吊)起后，托盘或吊杆下严禁站人或有人来回走动。

⑤ 关闭开关停止升(吊)时，立即刹车，待完全停稳后，方可搬动油桶。

⑥ 操作中，如发现制动失灵、异常声响，应立即停止作业；当场检修时，应切断电源，严禁带电检修。

⑦ 作业完毕，关闭开关，切断电源，收好电缆，清理现场，将机械搬离消防通道。

三、桶装油料的收发

桶装油料的收发有铁路、水路、公路 3 种，铁路整车桶装油料的收发作业程序比较复杂，其他运输方式的桶装油料收发比较简单。

1. 铁路整车桶装油料接收作业程序

1）准备阶段

接收准备阶段按照下列程序和要求进行：

（1）下达作业任务。接到上级下达的每月收油计划后，业务部门拟定接收桶装油料方案，经库领导批准后，通报有关部门，做好收油准备工作。

接到车站送棚车通知后，库领导召集有关人员，研究确定作业人员、存放场地、库房和装卸机具，提出注意事项，指定现场指挥员（由库领导或指定业务干部担任）负责组织实施作业。

（2）接车、作业动员（与铁路油罐车卸油作业相同）。

（3）作业前准备。

① 准备、检查装卸、搬运机械和工具；

② 准备、检查入库库房和垛位，备好垫木；

③ 准备消防器材并布置消防值班人员；

④ 夜间作业需接好照明设备；

⑤ 慢开车门，避免油桶滚出伤人，搭好跳板，通风换气后再实施作业。

2）实施阶段

接收实施阶段按照下列程序和要求进行：

（1）准备就绪，经检查无误后，现场指挥员下达卸车命令。

（2）人力卸车时，现场指挥员严密组织，正确指挥。作业人员应当听从指挥，注意安全，防止拥挤、抢卸。卸上层油桶时，先搭好跳板或摆正轮胎，稳搬轻放，严禁乱抛乱卸。

（3）机械卸车时，机械操作人员应当严格执行操作规程，注意安全。起吊和降落油桶时，机械近处和下方严禁站人；操作应当轻、准，吖运油桶应稳固；发生故障，果断处理。

（4）作业人员将卸下的油桶分品种、牌号摆放，留出通道，便于检查。

（5）卸车完毕，作业人员清理车厢，撤收跳板，关好门窗；运输管理员通知车站挂车。

（6）入库验收：

① 保管工逐桶检查渗漏情况，发现渗漏，立即倒装；

② 计量工会同保管工按品种、牌号清点桶数，抽查称重不少于总桶数的5%，每桶误差不超±0.5kg，如发现问题较大时，应逐桶检查；

③ 化验工按《油料技术工作规则》要求，逐桶检查水分、杂质，进行入库化验；

④ 入库的桶装油料，油库应补刷本库代号，标记不清的需将油桶擦净后重新喷刷；

⑤ 现场指挥员核对运输、统计、化验和保管4个方面报告的完成情况，发现问题，及时处理；

⑥ 保管工按有关要求，将桶装油料依顺序入库并堆放。

3）收尾阶段

接收收尾阶段按照下列程序和要求进行：

（1）作业人员填写各种作业记录。

（2）机械操作人员按操作规程对作业机械进行停车、保养，并填写运行记录。

（3）作业人员清理现场，整理归放工具，撤收消防器材，跳板归还原处，打扫场地、库房卫生，关锁门窗。

（4）现场值班员进行作业讲评，并向库领导报告作业完成情况。

（5）消防员按机车入库要求，监督机车入库挂车。

2. 铁路整车桶装油料发出作业程序

1）准备阶段

发出作业准备阶段按照下列程序和要求进行：

（1）下达作业任务。接到上级下达的每月发油计划后，业务部门拟定发出桶装油料方案，经库领导批准后，通报有关部门，做好发油准备工作。运输管理员根据铁路运输计划，按规定办理请领手续，填写运输凭证，向车站请车。

（2）准备装油的油桶

① 在灌装桶装油料前，化验工逐桶检查空桶的清洗质量，要求桶内无残

油、无积水、无锈蚀、无污染物，桶身无严重变形；

② 按《油料技术工作规则》要求，在桶面上喷刷标记，要求字体工整，颜色醒目，漆层附着牢固；

③ 灌入桶内的油料质量合格，数量准确(每桶误差不超过±0.5kg)，桶内无水分、杂质，化验工应当抽查灌桶作业时头5桶和最后5桶的桶内油料外观和水分、杂质情况；

④ 保管员逐桶检查桶盖密封情况，桶身应当无渗漏；

⑤ 按品种、数量分别整齐摆放在指定的货位上，如露天堆放，应当采取防雨、防曝晒措施；

⑥ 化验室开出化验单，要求每个货运号、每批油料随油发给一份化验单。

(3) 作业前准备：

① 接到车站送空车通知后，库领导召集有关人员，研究确定作业人员、装卸机具，提出注意事项，指定现场指挥员(由库领导或指定业务干部担任)负责组织实施作业；

② 准备、检查装卸搬运机械和工具；

③ 准备消防器材并布置消防值班人员；

④ 夜间作业接好照明设备。

(4) 接车。消防员按照机车入库要求，检查、监督机车入库送车。运输管理员指挥调车人员将车调到指定货位，检查车厢质量(底部无较大漏洞，无外露铁钉，门窗严密，厢内清洁)，如车厢质量不符要求，及时报告。

(5) 作业动员。

2) 实施阶段和收尾阶段

发出实施和收尾阶段按照下列程序和要求进行：

(1) 准备就绪，经检查无误后，现场指挥员下达装车命令。

(2) 接到装车命令后，作业人员先装车厢两头，后装中间；先装附油，后装轻油；先装大桶，后装小桶；车内桶装油料应当摆放整齐，桶身紧挨。

(3) 人力装车时，现场指挥员应当严密组织，正确指挥。作业人员应当听从指挥，注意安全，防止拥挤、抢装。装上层油桶时，先搭好跳板，稳搬轻垛。

（4）机械装车时，机械操作人员应当严格执行操作规程，注意安全。起吊和降落油桶时，机械近处和下方严禁站人；操作应当轻、准，吊运应稳固；发生故障，果断处理。

（5）装车完毕，保管工清点数量，撤收跳板，关好门窗，协助运输管理员封上铅封。

（6）运输管理员将业务部门开出的发放凭证，化验室出具的化验单，送交车站并通知挂车。

（7）收尾阶段工作(同接收作业)。

第四节 杜绝常见装卸作业违规行为

一、杜绝常见的习惯性违规行为

1. 未着装上岗

规定要求：穿防静电服装才能上岗。

但往往未着装上岗，导致人体穿的内外衣由于材料不同，在穿、脱、运动情况下，易产生静电，放电引燃油气。

2. 作业现场使用手机

规定要求：禁止在库区内使用手机。

但往往忘记，在作业现场使用手机。而在爆炸危险环境下，使用手机拨打、接听电话、拆装电池会产生电火花，可能引燃油气。

3. 携带火种进入作业现场

规定要求：严禁携带火种进入作业现场。

但往往有人稍不注意带着打火机进入现场。当打火机遇到碰撞容易发生爆炸，极易引燃油气。

4. 酒后上岗

规定要求：严禁酒后上岗。

但往往有人喝得醉熏熏来上岗。由于酒后神智不清，脚下不稳，容易发生误操作及高空坠落事故。

5. 用塑料容器盛装油品

规定要求：禁止用塑料容器盛装油品。

可总有人拿着塑料桶来装油，在向塑料容器灌装油品过程中，由于塑料容器导电性能差，使容器内的油品静电荷大量积聚，放电引燃油气，发生火灾。

6. 未释放人体静电

规定要求：进入爆炸危险区前必须释放人体静电。

由于人体在运动中摩擦产生静电，在干燥气候条件下，易造成电荷积聚、放电引燃油气，发生火灾事故。

7. 使用非防爆工具

规定要求：禁止使用非防爆工具从事与油品有关的作业。

但经常有人图方便，随手拿起一样工具就作业。由于非防爆(铁制)把(扳)手等工具与其他铁制品敲击、碰撞时易产生火花，容易引燃油气。

8. 穿铁钉(掌)鞋

规定要求：禁止穿铁钉(掌)鞋进入爆炸危险区域。

由于铁钉(掌)鞋与水泥路面或金属摩擦产生火花，引燃油气。

9. 不配戴安全带、安全帽

规定要求：高空作业必须配戴安全带、安全帽。

经常有人认为无问题而不佩戴。结果在油罐、油槽车、栈桥等上进行装卸油、计量等高空作业时由于不佩戴安全带、安全帽，发生高空坠落，易造成人身伤亡。

10. 作业时脱离岗位

规定要求：装卸油、机泵作业、油罐进油等作业中必须进行现场监护。

往往无人监护，在阀门故障、溢油装置失灵、机泵抽空、流程切换错误、油罐安全容量计算错误等情况下，易造成泄漏、卸错油或油罐、油槽车冒油等事故。

11. 信息传递不及时

规定要求：严格按照作业程序传递信息。

往往在交接班及作业人员之间交代不清、作业环节不协调，容易发生设备损坏或跑冒油等事故。

12. 操作错误时不报告

规定要求：正确分析、判断事故苗头，正确处理，及时报告。

但有时操作错误时不报告，留下隐患或导致事故扩大。

二、杜绝装卸油作业中的违规行为

1. 非岗位人员收下鹤管

规定要求：禁止非岗位人员作业。

非岗位人员穿戴衣服可能不符合防静电或自身保护要求，不熟悉设备性能及作业风险，易引发火灾及人身伤亡事故。

2. 未连接静电接地线装卸油

规定要求：装卸油作业前油槽车必须连接静电接地线。

由于油槽车携带的或装卸油过程中产生的大量静电，不能有效消除，引发火灾。

3. 稳油时间不足拔鹤管

规定要求：装完油后必须稳油 2min 方可拔出鹤管。

因为未达到稳油时间，装油中产生的静电不能全部消除，拔出鹤管时静电放电，引发火灾。

4. 装油前没有复核油槽车容量

规定要求：装油开始前必须复核油槽车容量。

由于未复核油槽车容量，导致装油中发生油槽车冒油。

5. 鹤管未插入罐底装卸油

规定要求：装卸油时鹤管必须插入距罐底 200mm 处。

由于鹤管未插入罐底，喷溅式装油，产生大量静电，引发火灾。

6. 车辆未熄火装卸油

规定要求：车辆必须熄火装卸油。

由于汽车电气火花或排气管喷出的火花引燃油气，导致发生火灾事故。

三、杜绝计量作业中的违规行为

1. 开错工艺流程

规定要求：按照作业票正确开通工艺流程，并有专人监护。

因为不熟悉工艺流程或无人监护，错开阀门且未能及时发现，导致混油、冒油、跑油等事故。

2. 未核对车(船、罐)号和油品品名、规格

规定要求：计量作业前必须核对车(船、罐)号和油品品名、规格。

由于不核对车(船、罐)号和油品，容易造成混油、跑油、冒油。

3. 未检查油槽车(船、罐)安全状况

规定要求：作业前必须检查油槽车(船、罐)及附件安全设施完好。

若护栏、盘梯、踏板等不符合安全作业条件发生人员伤亡事故。

4. 稳油时间不足进行计量

规定要求：禁止未达到稳油时间进行油品计量作业。

由于稳油时间不足，静电未消除，在操作时易引发火灾。

5. 站在下风方向作业

规定要求：禁止站在下风方向进行计量作业。

当站下风方向，启动量油孔盖时容易吸入油气，产生中毒事故。

6. 未定期测量油罐液位

规定要求：动转罐动转前后测量油罐液位，非动转罐 3 天测量 1 次。

由于未定期测量油罐液位，在油罐发生腐蚀穿孔时，不能及时发现漏油和跑油。

7. 输转中进行人工计量作业

规定要求：禁止油罐、油槽车在输转中进行人工计量作业。

因为油品在输转中产生大量静电，人工作业时静电，放电引发火灾。

8. 不采用专用计量绳进行取样

规定要求：必须采用专用计量绳进行取样。

因为非专用计量绳可能达不到防静电要求，容易产生静电引发火灾。

四、杜绝司泵作业中的违规行为

1. 未检查电气设备

规定要求：在作业时电压正常，启动电流不过载，防爆密封完好，电气接地牢固可靠，无断裂。

若配电柜内设备有缺陷、故障时，未检查就启用通电，容易引起配电柜内线路短路而发生火灾事故。防爆接线盒密封不严，接线松动，启动时，遇油气发生火灾爆炸事故。电动机电源线防爆绕管松动、断裂，电缆短路发生火灾爆炸事故。防爆按钮、密封胶垫破损，进入油气，开关时，发生火灾爆炸事故。电气设备接地不牢固、松动、断裂、锈蚀，漏电时造成人员触电伤亡事故。

2. 未检查油泵设备

规定要求：在作业时，认真观察真空、压力表的指针读数是否正常，轴承温度不大于 70℃。

在输转油品时，油泵空转轴承发热，高温引燃油气，发生火灾事故。

3. 真空泵伴随作业

规定要求：在收油时，真空泵只能做引油作业，绝不能伴随作业。

在收油时，真空泵伴随作业，排出大量的油蒸气，造成油气积聚，达至爆炸极限，引发火灾事故。真空泵伴随作业时部分油品吸入真空罐，易发生冒油事故。

4. 司泵工与卸油工、计量工沟通不及时

规定要求：作业时司泵工与卸油工、计量工必须做到及时联络且信息畅通。

卸油工未开阀门，司泵工开泵造成泵空转，高温引燃油气，发生火灾事故。计量工未开罐前阀门，司泵工开泵输油后，管线憋压引发阀门、法兰泄漏。

5. 运转中擦拭、维修机泵

规定要求：严禁在运转中擦拭、维修设备。

在油泵运转时擦拭、维修设备，易发生机械伤人事故。

6. 未检查设备接地

规定要求：作业前检查设备接地，无松动、无锈蚀、无脱落，处于良好状态。

泵房配电系统接地大于10Ω，配电柜内(电涌)保护器失灵，易发生雷击火灾事故。泵机械设备接地大于10Ω或接触不良，产生静电无法释放，易发生火灾爆炸事故。

第五章　突发事件处置常识

第一节　事故报告

事故发生后，事故当事人或发现者应立即上报上级领导，紧急情况要报警。伤亡、中毒事故，应保护现场并迅速组织人员抢救；重大火灾、爆炸、跑油事故，应组成现场指挥部，防止事故的蔓延扩大。应做到：

（1）任何事故，无论大小，都必须向油库主任汇报。

（2）任何事故，均应在第一时间以最快方式报告，最快方式应首选口头报告。

（3）汇报内容应包含以下信息：事故发生的时间；事故的简单经过；受伤的人员及严重程度；财物有何损失。

第二节　突发事件处置的一般方法

一、人员伤害

急救原则：脱离危险环境，妥善抢救处理，立即送往医院。

1. 机械伤害

停止设备运转，救出被夹、挤伤人员。如外部出血，应立即止血，防止因出血过多而休克。

2. 触电

切断电源或用绝缘棒把触电者拨离电源。呼吸停止时，采取人工呼吸。

3. 高空坠落

情况不明时，先使伤员安静平躺，不宜立即移动。外部出血，立即止血，外部无伤休克，立即拨打急救电话。

4. 中毒

将中毒人员移至阴凉通风处，松开衣裤。失去知觉时，使其闻吸氨水，灌浓茶；在有毒现场救人时，要佩戴呼吸器及防护用具，防止自身中毒。

5. 高温中暑

将中暑人员移至阴凉通风处，用冷水擦浴、湿毛巾覆盖身体、头部放置冰袋等方法降温，及时给病人口服淡盐水，严重者送往医院。

二、火灾

灭火原则：先控制，后消灭，及时报警。

1. 油罐火灾

（1）启动现场报警器，拨打报警电话“119”。

（2）设置警戒线，疏散无关人员及车辆，救助受伤人员。

（3）关闭罐区阀门，停止收发油作业。

（4）启动着火油罐的泡沫、冷却系统；对相邻油罐进行冷却。

（5）确认防火堤、水封井阀门处于关闭状态。

（6）用沙袋等应急物质封堵防火堤出现的破损处，防止油品外溢。

（7）呼吸阀、检尺孔、透光孔着火，发生火炬燃烧时，采取石棉毯窒息扑灭或用灭火器、泡沫炮、泡沫枪进行灭火。

（8）油罐发生爆炸，顶部塌陷或被掀掉，稳定燃烧时，采用泡沫炮、泡沫枪实施灭火，同时对相邻油罐进行冷却；当危及人身安全时，应有组织撤离现场。

（9）油罐爆炸破裂，油品外泄，在扑救油罐火灾的同时扑救防火堤内流散火焰。

2. 汽车油槽车火灾

（1）启动现场报警器，停止装卸油作业，关闭阀门，切断电源，疏散其他车辆；火势较大难以控制时，应设法将着火油槽车移出装卸油区域进行扑救。

（2）油罐口或卸油口着火，用石棉毯封堵窒息灭火或用手提式干粉灭火器灭火。

3. 铁路油槽车火灾

（1）启动现场报警器，停止装卸油作业，关闭阀门，拔出临近油槽车鹤管，盖上罐盖，推离火灾现场，推离时不能进行连续水冷却。

（2）油罐口着火，用石棉毯窒息灭火或用灭火器灭火，有条件的情况下关闭油槽车罐盖。

（3）油槽车脱轨倾倒，油品外泄燃烧时，先扑灭流散油品的火焰，再扑灭油槽车火焰，同时对着火油槽车及相邻油槽车进行连续水冷却。

（4）火势强烈无法扑救，危及人身安全时，有组织撤离火灾现场。

4. 输油管线火灾

输油管线胀裂着火，启动现场报警器，停止输转油作业，关闭(管线两端)阀门，用石棉毯或灭火器扑救管线上及地面流散出来的火焰，同时对相邻管道进行持续水冷却。

5. 油泵房(棚)火灾

启动现场报警器，停泵，关闭阀门，切断电源；用来火器、石棉毯扑救，封堵泵房附近的排水管(沟)：对周围的设施及建筑物进行连续水冷却。

6. 电气火灾

切断电源，停止电气与油品有关的作业，用二氧化碳、干粉灭火器灭火(不可采用水或泡沫灭火)。

7. 人身火灾

（1）立即令其躺倒，用干粉灭火器扑灭其身上的火(注意不要向其面部喷射)，或者用毛毯、大衣裹紧其身体灭火(注意：包裹时要从离头部最近的地方开始包裹)。

（2）如果现场只有着火者一人，尽量脱下衣服，用脚踩灭或浸入水中；如果来不及脱，可就地打滚，窒息灭火。

三、自然灾害

1. 地震

（1）立即停止作业，切断电源，组织人员迅速撤离屋内或建筑物下，转移至安全地带：夜间突发地震来不及撤离时，应迅速转移至床铺下、桌下；有受伤的人员要组织抢救，抢救时注意气象部门地震预报，防止余震再次伤人。

(2) 如地震将输油管线、储油罐损坏，造成油品外溢，应采取转移油品至其他储罐，关闭阀门，加上盲板，采用木楔子、打卡子等方法予以处置；大量油品外溢无法回收处理时，要及时组织周边群众转移至安全地带，同时向消防、环保部门报告灾情，防止火灾和环境污染。

(3) 及时将现金支票、重要账簿、技术资料转移至安全地带保存。

(4) 火灾按照火灾事故处理程序进行抢救。

(5) 及时上报当地政府部门，争取社会救援。

2. 台风

(1) 停止输转油、装卸作业。

(2) 风暴较大时要注意监视标识牌、高悬物，防止大风刮倒砸伤人员；风暴在6级以上时，人员应暂时离开标识牌、高悬物下面，防止暴风刮倒设施，砸伤人员。

3. 洪涝灾害

(1) 停止输转油、装卸作业；关闭所有设备电源，切断变压器、配电柜、电力系统的电源开关；储油罐做好封存处理，检查油罐进出管线法兰坚固防渗，防止油品泄漏造成环境污染。

(2) 充分利用油库围墙，用草袋、沙袋、泥土建筑防洪围堤，防止洪水进入库内；用沙袋、草袋筑高配电室门口，防止洪水进入造成电源短路。

(3) 洪涝严重时可能淹没油库，应在组织人员转移的同时做好撤离的善后工作。

(4) 自救过程中，要有专人监视洪灾变化、水位上涨情况，在必要时有序地将人员转移到高处安全地带或油库房顶上的安全处，及时与外界联系求助救援。

(5) 及时将现金支票、重要账簿、技术资料转移至安全地带保存。

第三节　常用应急设备

一、应急设备组成

(1) 急救设备：担架、急救箱(纱布、外伤创伤药品、中暑药品)。

(2)个体防护设备：呼吸器、安全帽、护目镜、防油手套、防毒面具、救生衣、消防服、消防靴、消防头盔。

(3)通信设备：防爆对讲机、固定电话、消防报警装置、手摇报警器等。

(4)消防设备：消防水罐、泡沫罐、消防泵、消防车、消防水带、消防水枪、消防栓、泡沫枪、泡沫钩管、泡沫炮、手提式及推车式灭火器、风力灭火机、消防斧、消防钩、消防铁锹、消防桶、消防沙、石棉毯。

(5)泄漏控制设备(材料、工具)：管卡、毛毡、铁丝，阀门密封件、胶黏剂、各类防爆扳手、围油栏。

(6)泄漏清除设备(材料、工具)：吸油毡、消油剂及喷洒装置、纯棉棉纱、拖布、扫帚、笤帚、铝簸箕、散装油桶、沙土、水泥等。

(7)监测设备：测氧仪、可燃气体检测仪、视频监控设备、火灾报警系统等。

(8)照明设备：防爆手电、应急灯。

二、主要应急设备使用

1. 手提式干粉灭火器

先把灭火器上下颠倒几次，站在上风方向，拔下保险销，一手握住喷嘴，一手用力压下按把，对准火焰根部，左右摆动灭火器向前推进灭火。

2. 推车式干粉灭火器

一般由两人操作。将灭火器迅速拉或推到距离起火点8m处，一人将灭火器放稳，拔出保险销，迅速展开喷射软管(软管不能有拧褶)，拿住喷枪，另一人站在上风方向，压下按把，对准火焰根部，左右摆动灭火器，喷射灭火。

3. 手提式化学泡沫灭火器

手提筒体上部的提环，迅速赶赴距着火点4m左右，站在上风方向，将筒体颠倒过来。一手紧握提环，另一手扶住筒底的底圈，将泡沫射流对准燃烧物灭火。

4. 推车式化学泡沫灭火器

操作时由两个人将灭火器推至距起火点8m处，站在上风方向，一人旋放喷射管，手握喷筒，另一人逆时针旋转手轮，开启瓶胆，然后放倒筒体，摇晃几次，将旋杆触地，打开阀门，泡沫即喷出灭火。

5. 二氧化碳灭火器

将灭火器提到距起火点1.5m处，拔下保险销，一手握住喷嘴(鸭嘴口)，一手用力压下按把，站在上风方向对准火源，进行灭火。

注意：二氧化碳灭火器适宜扑救600V以下带电设备、仪器仪表、面积不大的易燃液体火灾。

6. 消防过滤式自救呼吸器

（1）打开盒盖，取出真空包装袋。

（2）撕开真空包装袋，拔开前后两个罐塞。

（3）戴上头罩，拉紧头带。

（4）选择路径，果断逃生。

（5）本产品仅供一次性使用，只供个人防毒自救使用。

（6）产品备用状态时，环境温度应为0～40℃，周边禁止存在热源、易燃易爆及腐蚀物品，通风良好。

7. RHZK系列正压式空气呼吸器

（1）将空气呼吸器气瓶瓶底向上背在肩上。

（2）将大拇指插入肩带调节带的扣中并向下拉，调节到背部舒适为宜。

（3）插上塑料快速插扣，腰带系紧程度以舒适和背托不摆动为宜。

（4）把下巴放入面罩，由下向上拉上头网罩，将网罩两边的松紧带拉紧，使全面罩双层密封环紧贴面部。

（5）深吸一口气将供气阀打开，呼吸几次，感觉舒适、呼吸正常后即可进入操作区作业。

（6）使用中应使气瓶阀处于完全打开状态。

（7）必须经常查看气瓶压力表，一旦发现高压表指针快速下降或不能排除的漏气时，应立即撤离现场。

（8）使用中感觉呼吸阻力增大、呼吸闲难、出现头晕等不适现象时应及时撤离现场。

（9）使用中听到残气报警器哨声后，应尽快撤离现场。

参 考 文 献

1 中国石油天然气集团公司安保部．油库员工安全手册．北京：石油工业出版社，2008.

2 郝宝垠等．油库实用堵漏技术．北京：中国石化出版社，2004.

3 黄政等．空军供油作业规程．北京：中国石化出版社，2010.

4 范继义．油库加油站安全技术与管理．北京：中国石化出版社，2005.

5 白世贞．石油储运与安全管理．北京：化学工业出版社，2004.

6 章拥宁等．空军物资油料系列手册．济南：黄河出版社，2003.

7 中国石油天然气集团公司．石油工业安全标准合订本．北京：石油工业出版社，2003.

8 中国石化销售公司．石油安全制度汇编：北京：中国石化销售公司，1999.